ATLAS OF
OPTICAL
TRANSFORMS

This volume originated as part of the
UNESCO pilot project of the
Commission on Crystallographic Teaching
of the International Union of Crystallography

ATLAS OF
OPTICAL
TRANSFORMS

G. Harburn, B.Sc.(Tech), Ph.D.

C. A. Taylor, B.Sc., Ph.D., D.Sc., F.Inst.P.
and
T. R. Welberry, M.A., Ph.D.

University College, Cardiff

LONDON

G. Bell & Sons Ltd

1975

India
Orient Longman Ltd
Calcutta, Bombay, Madras and New Delhi

Canada
Clarke, Irwin & Co. Ltd, Toronto

Australia
Edward Arnold (Australia) Pty. Ltd, Port Melbourne, Vic.

New Zealand
Book Reps (New Zealand) Ltd, 46 Lake Road, Northcote, Auckland

East Africa
J. E. Budds, P.O. Box 4536, Nairobi

West Africa
Thos. Nelson (Nigeria) Ltd, P.O. Box 336, Apapa, Nigeria

South and Central Africa
Book Promotions (Pty), Ltd, 311 Sanlam Centre,
Main Road, Wynberg, Cape Province

ISBN 0 7135 1760 3 (*Library Edition*)
ISBN 0 7135 1755 7 (*Students Edition*)

Printed in Great Britain by
The Camelot Press Ltd, Southampton

Contents

Introduction

The idea of using optical analogues to aid in the interpretation of X-ray diffraction patterns originated with Sir Lawrence Bragg round about 1938, and it has been developed in many directions in the following thirty-five years. Most of the developments have been attempts to use the techniques to solve particular research problems and many have been successful to a greater or lesser extent. One common thread is apparent in the writings of all those who have published papers on the subject—the great power of visual presentation in teaching, in stimulating thought and in aiding the development of intuition, which still plays a major role in solving the more complex diffraction problems. The apparatus required for preparing optical diffraction patterns may be as simple as a remote lamp viewed through a photographically reduced mask representing the trial object, or a highly sophisticated system of laser and lenses capable of recording diffraction patterns from objects consisting of large holes punched in card. Discussion about the experimental needs for different applications still goes on, but a second thread common to many recent discussions has been that a generally available 'Atlas' of diffraction patterns (or optical transforms as they have come to be called) would be of great value.

A few years ago the Commission on Crystallographic Teaching of the International Union of Crystallography set up a pilot publishing programme with financial support from UNESCO and the Atlas project seemed a suitable item for this scheme. Unfortunately—or possibly fortunately in the event—the initiation of this programme coincided with a period of rapid development of optical diffraction techniques and the all too common dilemma of choosing between a poorer quality, but more or less immediate, publication or much improved quality with some delay, had to be faced. The delay has proved to be longer than we had hoped, but we feel that it has been worthwhile because of the higher standard of the diffraction patterns and the greater range of objects that eventually have been included.

We have tried to plan the Atlas so that it can be used for a wide range of purposes and the text has been deliberately kept to a minimum so that teachers may use the material in the way most suited to the needs of their students. It seems clear that it could be used in courses on optics, image processing, electron microscopy, astronomy and many other topics in addition to the interpretation of X-ray diffraction patterns which provided the original motivation. It should prove useful whenever visual presentation of Fourier transforms as two-dimensional photographs would be an advantage.

Technical details of the instruments and procedures used both in making the masks and preparing the diffraction patterns are given in Appendix 1. Appendix 2 consists of brief notes on the ideas underlying each plate. References are listed in Appendix 3, which includes a short bibliography of related publications.

Each plate consists of two blocks of twelve photographs which are numbered as follows for ease of identification.

1	2	3
4	5	6
7	8	9
10	11	12

With the exceptions of Plates 30–32 the diffracting objects are represented on the left-hand page and the corresponding diffraction patterns are on the right-hand page. Where the complete object is shown it appears as black on white, but for those objects in which the detail is very small only an enlarged portion of the mask is shown and, with a few obvious exceptions, these appear as white on black. All the diffraction patterns are white on black.

To help the reader relate features of the patterns to distances in the diffracting objects the plates have scales marked on them. The distance between adjacent scale marks for the diffraction patterns is reciprocally related to the separation of adjacent marks on the object plate. In other words, if a pair of holes of spacing equal to the separation of adjacent scale marks on the mask page were used as an object then, with the particular instrument and enlargement used, the resulting Young's fringes would have a spacing equal to the separation of adjacent scale marks on the transform page. Plate 1, No. 2, illustrates this point exactly. In a few cases the scale changes within a page. The scale marks are then shown on an individual photograph and apply to that and subsequent photographs in the sequence unless a new scale is shown.

Introduction

C'est Sir Laurence Bragg qui eut l'idée, vers 1938, d'utiliser l'analogie optique pour faciliter l'interprétation des figures de diffraction des rayons X. Cette idée a été développée dans de nombreux domaines au cours des trente cinq ans qui suivirent. Dans la plupart des cas, on a tenté d'utiliser les techniques de l'analogie pour résoudre certains problèmes de recherche, et un grand nombre de ces techniques s'est avéré efficace à des degrés divers. On remarque un trait commun dans les publications faites sur ce sujet: la grande efficacité d'une présentation visuelle pour stimuler la réflexion et développer l'intuition qui joue encore un rôle prépondérant dans les problèmes les plus complexes d'interprétation de la diffraction. Pour préparer des figures de diffraction on peut se servir tout simplement d'une lampe éloignée vue au travers d'un masque réduit photographiquement, représentant l'objet de départ, ou bien utiliser un système très perfectionné de laser et de lentilles, capables de recueillir les figures de diffraction à partir d'objets consistant en larges trous perforés dans une carte. La nécessité de poursuivre certaines expériences pour différentes applications est actuellement discutée, mais un deuxième trait commun à beaucoup de débats récents a été qu'un Atlas accessible à tous des figures de diffraction (ou transformées optiques comme on tend à les appeler) devenait indispensable.

Il y a quelques années la commission pour l'enseignement de la cristallographie de l'Union International de Cristallographie a monté un programme pilote de publication avec le soutien financier de l'UNESCO et le projet d'Atlas s'est inscrit dans ce programme. Malheureusement, ou peut être heureusement en l'occurrence, le lancement de ce programme a coïncidé avec une période de développement rapide des techniques de diffraction optique, et nous avons dû faire face au dilemme habituel entre le choix d'une publication de qualité inférieure mais plus ou moins immédiate et une publication dans un délai plus long que prévu, mais d'une qualité supérieure que nous sentons justifiée par de meilleures figures de diffraction et une gamme plus étendue des motifs qui ont été finalement utilisés. Nous avons essayé de concevoir l'Atlas de telle sorte qu'il puisse être utilisé à de nombreuses fins et le texte a été réduit au minimum de façon à ce que les enseignants utilisent le matériel au mieux des besoins de leurs étudiants. Il est évident, qu'on pourrait l'utiliser dans des cours d'optique, de processus de formation d'images, de microscopie électronique, d'astronomie et bien d'autres sujets en plus de l'interprétation des figures de diffraction des rayons X qui est à l'origine de ce projet. Il devrait être utile chaque fois qu'on désire une présentation visuelle des transformées de Fourier en photos à deux dimensions.

L'appendice 1 présente une description technique détaillée des instruments et des procédés utilisés pour faire les masques et pour préparer les figures de diffraction. L'appendice 2 donne un bref aperçu de chaque planche. On trouvera une liste de références dans l'appendice 3 ainsi qu'une courte bibliographie des publications sur le sujet.

Chaque planche comprend deux groupes de 12 photos qui sont numérotées comme suit pour permettre une identification plus aisée.

1	2	3
4	5	6
7	8	9
10	11	12

A l'exception des planches 30–32, les objets diffractants sont representés sur la page de gauche et les figures de diffraction correspondantes sont sur la page de droite. Lorsque le motif est representé dans son ensemble, il apparaît en noir sur blanc, mais si le détail est très petit, seule une partie agrandie du masque est representée, et à quelques exceptions évidentes près, ces modèles apparaissent en blanc sur noir. Toutes les figures de diffraction sont en blanc sur fond noir. Pour permettre au lecteur d'associer les caractéristiques des figures aux distances sur les modèles de départ, les planches comportent une échelle. La distance comprise entre deux divisions de l'échelle pour les figures de diffraction est inversement proportionnelle à la distance comprise entre deux divisions sur l'échelle de la planche modèle. En d'autres termes, si deux trous séparés par une distance égale à celle qui sépare deux divisions voisines sur l'échelle de la page masque étaient utilisés comme modèles, les franges de Young produites à l'aide de l'instrument d'agrandissement utilisé, seraient alors séparées par une distance égale à celle comprise entre deux divisions voisines de l'échelle de la page des transformées. C'est ce qui est parfaitement illustré par la planche 1, no. 2. Dans quelques cas l'échelle varie sur la même page. Les divisions sur l'échelle sont alors representées sur une photo individuelle et s'appliquent à celle-ci ainsi qu'à toutes celles qui suivent jusqu'à ce qu'une nouvelle échelle apparaisse.

Appendix 1
Apparatus and Techniques

A OPTICAL EQUIPMENT

A very small number of the diffraction patterns shown in this Atlas have been prepared on an optical diffractometer of the type described by Taylor and Lipson (1964). The main features of such a diffractometer are shown in Fig. 1. The source S_0 is a high-pressure, mercury-vapour lamp the arc of which is imaged by the condenser lens L_0 on to a pinhole which provides a secondary source at S_1. The pinhole is in the back focal plane of a collimating lens L_1, and is imaged in the focal plane F of the objective lens L_2. The Fraunhofer diffraction pattern of a mask M, placed in the parallel portion of the beam, appears at F where it may be photographed or viewed with the help of a microscope.

The main disadvantage of the instrument is the low level of illumination in the diffraction patterns produced on it. The low intensity results from ensuring adequate temporal coherence by using a narrow band interference filter and creating the necessary spatial

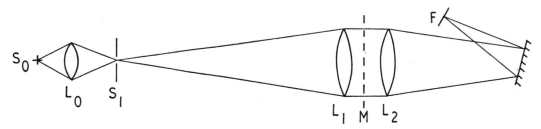

Fig. 1.   The early type of diffractometer.

coherence by making the secondary source, S_1, very small. This problem is overcome in the more recent equipment developed by Harburn and Ranniko (1972), Fig. 2, which uses a He–Ne laser as the source of light and which has been used to prepare nearly all the diffraction patterns in the Atlas.

Optically the new system differs from the old only in the nature of the source, with its near-perfect coherence and high (50mW) intensity, and the substitution of a beam expansion stage for the original condenser system. The main advantage of the higher illumination levels in the diffraction patterns is that small patterns can be considerably enlarged with a projection lens, L_3, before being recorded photographically at F′ with conveniently short exposure times. The resulting patterns are of significantly better quality than those recorded directly at F and then appreciably enlarged from the negative.

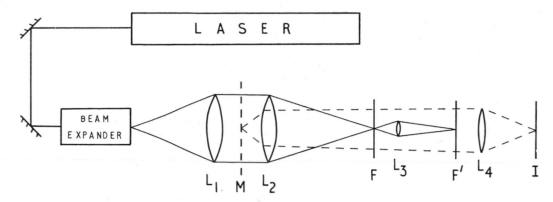

Fig. 2.   The later type of diffractometer.

For some purposes it is instructive to examine an image of the mask M while it is in position between the main lenses. Such an image can be produced with an extra lens, L_4, which, taken with L_2, forms an image of M at I. If L_4 is beyond F, as shown in Fig. 2, the diffraction pattern can be modified by placing suitable filters in the focal plane and the consequent changes in the image observed at I. Examples of spatial filtering are shown in Plates 30–32.

The higher degree of coherence of the illumination does have some drawbacks. If there is dust on any of the optical components diffraction patterns are formed from it and these interfere with the diffraction pattern of the mask. In general, dust on the projecting lens L_3, where the diffraction pattern of the mask covers a small area, has the most pronounced effect. The spurious fringes formed—which can be seen, for example, in Plate 29—are surprisingly difficult to eliminate. However, although unsightly, they rarely affect the interpretation of a diffraction pattern and are often tolerated in everyday work. They are evident in many of the photographs reproduced in the Atlas.

B   MASKS

Masks of many different forms, prepared in a variety of ways, have been used. The simplest form of mask is made by punching out circular discs from X-ray film (Taylor and Lipson, 1964). The punch is usually mounted on a pantograph arrangement which gives a 12:1 reduction in scale from a prepared drawing to the mask. A recent development of the original pantograph has an optical projection system mounted in place of the simple punch. The projector gives a reduced image of a basic unit, which may contain up to a few hundred holes, on a photographic plate. The basic unit can be printed on the plate, in any chosen orientation in a plane, at positions specified on a prepared drawing as before. The mask is made by contact printing from the photograph on to another plate.

The original pantograph-mounted punch is satisfactory for preparing masks containing up to about 1000 holes, but is tedious to use for more than about 100 holes. A new device, the Optronics Photowrite (Harburn, Miller and Welberry, 1974), has been used to prepare all those masks which contain a very large number of holes as well as some of the smaller ones.

The Photowrite converts digital information on a magnetic tape into a distribution of optical density on a photographic film. The sheet of film, up to $10'' \times 8''$ in size, is wrapped round the outside of a cylindrical drum which can be rotated. An illuminated aperture and its $1:1$ imaging system is mounted on a carriage which can move parallel to the rotation axis of the drum so that the whole film is scanned in a raster fashion by the light beam. The film can only be exposed at the nodes of a square lattice but up to 8×10^7 dots can be printed on a full sheet of film. Like the masks produced with the modified pantograph arrangement, those made with the Photowrite are in the form of photographic plates or films. It is not normally possible to use such masks directly in the diffractometer because variations in the optical thickness of the emulsion and its support give phase errors which spoil the diffraction patterns. In such circumstances the mask has to be used in an optical gate (Harburn and Ranniko, 1971) which consists of an oil, chosen so that its refractive index closely matches those of the emulsion and support, contained between two pieces of glass the outer surfaces of which are flat to about $\lambda/20$.

Alternatively, and provided that the photographic mask does not contain any isolated 'opaque' regions, an etching in copper foil can be made from it. The procedure has been described in detail by Hill and Rigby (1969), its essential features are as follows. A piece of copper foil, secured to a sheet of inert material, is thoroughly cleaned and coated with a thin film of photoresist which is warmed until it is hard and dry. A contact print is made from a photographic negative of the mask using ultra-violet light which makes the resist insoluble in a special developer. The resist which has not been hardened is removed by the developer and the exposed copper is electroplated with a thin film of nickel. The remainder of the resist is then removed with paint stripper and the copper beneath it is dissolved with an etchant which does not attack the nickel. Finally, the foil is removed from the backing sheet. The nickel film ensures that the outlines of the required apertures are preserved unaffected by undercutting of the copper during etching. Etched masks are preferred to photographic plates used in the optical gate. The latter procedure is messy, whereas the etched masks are always immediately available and have unobstructed apertures which cannot affect the phase of the light beams transmitted through them.

Several of the plates show masks in which the amplitudes or phases (or both) of the beams transmitted through the apertures have been changed deliberately. The methods for effecting such changes have been fully described by Harburn (1973). For ease of reference in the notes on the plates the various methods are listed below.

Amplitude control
1. Holes of different sizes.
2. Gauzes of different transmissions.
3. Mica half-wave plates oriented in plane-polarised light.

Phase control
4. Mica plates oriented in unpolarised light. Phases 0 and π only.
5. Mica half-wave plates oriented in plane-polarised light phases 0 and π only.

6. Mica plates tilted in unpolarised light. Phases 0 to 2π in principle, but only 0 to π in practice.

7. Mica half-wave plates oriented in circularly-polarised light. All phases in the full 0 to 2π range.

The pieces of gauze and mica are usually mounted on small brass plugs which fit into holes in the mask plate.

C PHOTOGRAPHY

Exposure times for photographs taken on the latest diffractometer are generally short. About 1/60 s is typical but exposures as long as 4 minutes and as short as 1/750 s, with the main beam intensity reduced with a polaroid filter, have been used. A Pentax 35mm camera body is used to expose the film which must be red sensitive. Ilford Pan F and FP4 are used most often, developed in either Kodak D19 or Ilford ID11 depending on the contrast required in the negative.

All the photographs are enlargements, usually less than 5×, from 35mm negatives. In the few cases where photographs have been taken on the older type of diffractometer the enlargements from the negatives may be as much as 50×.

Appendice 1
Appareils et techniques

A EQUIPEMENT OPTIQUE

Un très petit nombre des figures de diffraction presentées dans cet Atlas a été preparé sur un diffractomètre optique du type décrit par Taylor et Lipson (1946). La fig. 1 présente les caractéristiques essentielles d'un tel diffractomètre. La source S_0 est une lampe à vapeur de mercure à haute pression dont l'arc donne une image à travers un condenseur L_0 sur un trou d'épingle qui devient source secondaire S_1. Le trou d'épingle est situé dans le plan focal objet d'une lentille collimatrice L_1, et donne une image dans le plan focal F de l'objectif L_2. La figure de diffraction de Fraunhofer d'un masque M, située dans la région où le faisceau demeure parallèle à l'axe apparaît en F où clle peut être photographiée ou observée à l'aide d'un microscope.

Le principal inconvénient presenté par l'instrument est la faible intensité lumineuse sur la figure de diffraction. Cette faible intensité est due à la necessité d'assurer une cohérence

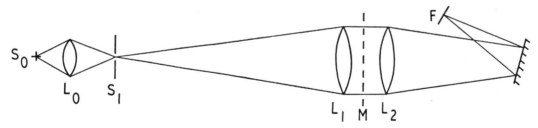

Fig. 1.   Le type ancien de diffractomètre.

temporelle par l'utilisation d'un filtre interférentiel à bande étroite et obtenir une cohérence spatiale nécessaire en prenant une source secondaire S_1 très petite. Cet inconvénient est éliminé dans l'appareil mis au point plus récemment par Harburn et Ranniko (1972), Fig. 2 qui utilise un laser Hélium Néon comme source de lumière et dont on s'est servi pour préparer la majorité des figures de diffraction de l'Atlas.

Du point de vue optique, le nouveau système ne diffère de l'ancien que dans la nature de la source qui présente une cohérence presque parfaite et une fortent intensité (50mW), et dans la substitution du condenseur de base par un étage d'élargissement du faisceau. Le principal avantage d'une plus forte intensité lumineuse pour la production des figures de diffraction est que les petites figures peuvent être considérablement agrandies à l'aide d'une lentille de projection L_3, avant d'être recueillies photographiquement en F' avec des temps de pose qui

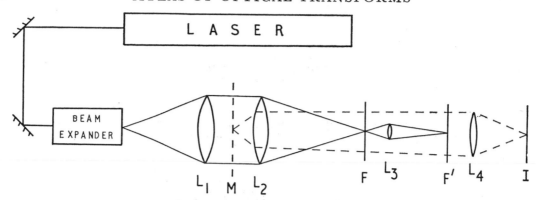

Fig. 2.   Le type plus moderne de diffractomètre.

ont l'avantage d'être de courte durée. Les figures produites sont d'une qualité supérieure à celles qui, recueillies en F ont été sensiblement agrandies de maniére sensible à partir du négatif. Dans certains cas, il est intéressant d'examiner une image du masque M lorsqu'il est placé entre les lentilles principales. On peut produire cette sorte d'image en introduisant une lentille supplémentaire L_4 qui, prise avec L_2 forme une image de M en I. Si L_4 est au delà de F (voir Fig. 2) on peut modifier la figure de diffraction en plaçant les filtres appropriés dans le plan focal et on peut observer les changements apportés à l'image en I.

Des exemples de tels filtrages sont representés sur les planches 30–32.

Une meilleure cohérence de l'intensité lumineuse a bien quelques inconvénients. Si il y a de la poussière sur l'un des composants optiques, des figures de diffraction se forment à partir de là et celles-ci créent des intérferences avec la figure de diffraction du masque. En général c'est la poussière présente sur la lentille de projection E_3 où la figure de diffraction couvre une faible surface, qui a l'effet le plus prononcé. Il est particulièrement difficile d'éliminer les franges parasites ainsi formées-visibles par exemple sur la planche 29. Cependant, même si elles sont désagréables à la vue, elles affectent rarement l'interprétation d'une figure de diffraction et on les tolère souvent dans le travail quotidien. On les remarque dans de nombreuses photos reproduites dans l'Atlas.

B   MASQUES

On a utilisé de nombreux masques de formes différentes, preparés de façons diverses. La forme de masque la plus élémentaire est produite en perforant des films de rayons X (Taylor et Lipson, 1964). Le perforateur est d'habitude monté sur un pantographe qui réduit douze fois le masque par rapport au dessin initial. Une mise au point récente du pantographe initial présente un système optique de projection monté à la place du simple perforateur. Le projecteur donne une image réduite sur plaque photographique d'une unité de base qui peut comporter jusqu'à quelques centaines de trous. On peut tirer une épreuve de l'unité de base sur la plaque, suivant n'importe quelle orientation du plan en concordance avec les positions indiquées à l'avance sur un dessin, comme auparavant. Le masque est fait par procédé de contact de la photo sur une autre plaque.

Le perforateur initial monté sur pantographe permet la préparation de masques comportant jusqu'à mille trous environ, mais se révèle que peu pratique à utiliser au-dessus de 100 trous.

On a utilisé un nouveau dispositif le 'Optronics Photowrite' (Harburn, Miller et Welberry, 1974) pour préparer tous les masques qui contiennent un nombre très élevé de trous ainsi que d'autres, au nombre moins élevé.

Le 'Photowrite' transforme des informations enregistrées sous forme digitale sur bande magnétique en une répartition de densité optique sur pellicule photographique. La feuille sensible pouvant atteindre $25,4 \times 20,3$cm est enroulée autour d'un tambour tournant. Une ouverture éclairée et son système de formation d'une image à grandissement un est montée sur un chariot qui peut se déplacer parallèlement à l'axe de rotation du cylindre de sorte que la pellicule entière est balayée par le faisceau lumineux. On peut seulement exposer le film aux noeuds d'un réseau carré mais on peut impressionner jusqu'à 8×10^7 points sur une pellicule entière. Comme les masques produits par les pantographes modifiés, ceux produits par le 'Photowrite' sont sous forme de plaques photographiques ou de pellicules. Normalement, on ne peut utiliser de tels masques directement sur le diffractomètre car des variations dans l'épaisseur optique de l'émulsion et de son support produisent des déphasages qui altèrent la figure de diffraction.

Dans ce cas on doit utiliser le masque dans une porte optique (Harburn et Ranniko, 1971) qui consiste en une huile choisie de telle sorte que son indice de réfraction ait un rapport aussi étroit que possible avec celui de l'émulsion et du support et contenue entre deux morceaux de verre à parois extérieures polies à $\lambda/20$.

Une autre possibilité, si le masque photographique ne présente pas de région opaque isolée, est d'en faire une gravure sur cuivre. Le procédé a été décrit en détail par Hill et Rigby (1969) en voici les caractéristiques essentielles: une feuille de cuivre fixée à une feuille de matériau inerte est soigneusement nettoyée et enduite d'une mince couche d'une résine photorésistante qu'on fait secher et durcir à la chaleur. A partir d'un négatif photographique du masque on tire une épreuve par procédé de contact en utilisant la lumière ultra violette qui rend la résine insoluble dans le révélateur. La résine non exposée est dissoute par le révélateur et le cuivre ainsi mis à nu est recouvert par électrolyse, d'un léger film de nickel. Le reste de la résine est alors décapé et le cuivre qui apparaît est attaqué par un mordant qui n'attaque pas le nickel. Finalement la feuille est détachée de la base. La pellicule de nickel maintient intact le contour des ouvertures après découpage du cuivre au cours de son attaque par le mordant. Les masques ainsi produits sont préférables aux plaques photographiques utilisées dans la porte optique, procédé peu concluant tandis que les masques produits par attaque sont toujours immédiatement utilisables et présentent des ouvertures parfaites qui ne peuvent pas affecter la phase des faisceaux lumineux qu'elles transmettent.

Plusieurs plaques présentent des masques dans lesquels les amplitudes ou les phases (ou les deux) des faisceaux transmis par l'ouverture ont été volontairement modifiées. Les méthodes appliquées pour effectuer de tels changements ont été décrites dans leur totalité par Harburn (1973). Pour permettre au lecteur de se référer plus facilement aux notes sur les planches, ces différentes méthodes sont enumérées ci-dessous.

Méthodes de contrôle de l'amplitude

1. Trous de taille différente
2. Gazes de transmittivités différentes
3. Lames de mica demi-onde orientées en lumière polarisée plane.

Méthodes de contrôle de la phase

4. Lames de mica orientées en lumière non polarisée, phases 0 et π seulement
5. Lames de mica demi-onde orientée en lumière polarisée, phases 0 et π seulement.
6. Lames de mica inclinées en lumière non polarisée. Phases 0 à 2π en principe, mais seulement 0 à π en pratique.
7. Des lames de mica demi-onde orientées en lumière polarisée circulairement. Toutes les phases dans la gamme complète 0 à 2π.

Les morceaux de gaze et de mica sont généralement montés sur des petits supports qui s'adaptent au masque.

C PHOTOGRAPHIE

Le temps de pose pour les photos prises sur le diffractomètre le plus récent sont généralement courts. Environ 1/60 s est le plus courant, mais on a utilisé des temps de pose allant de 1/750 s à 4 minutes en réduisant l'intensité lumineuse du faisceau principal au moyen d'un filtre polaroïde. On se sert d'un boîtier de 35mm Pentax pour exposer le film qui doit être sensible au rouge. On utilise le plus souvent Ilford Pan F et FP4 developpés soit en Kodak D19 soit en Ilford 1D11, selon le contraste recherché dans le négatif.

Toutes les photos sont des agrandissements généralement inférieurs à $5\times$ à partir de négatifs de 35mm. Dans les quelques cas où les photos ont été prises avec un modèle de diffractomètre plus ancien, les agrandissements de négatifs peuvent atteindre $50\times$.

The Plates

Each plate consists of two blocks of twelve photographs which are numbered as follows for ease of identification.

1	2	3
4	5	6
7	8	9
10	11	12

Plate I

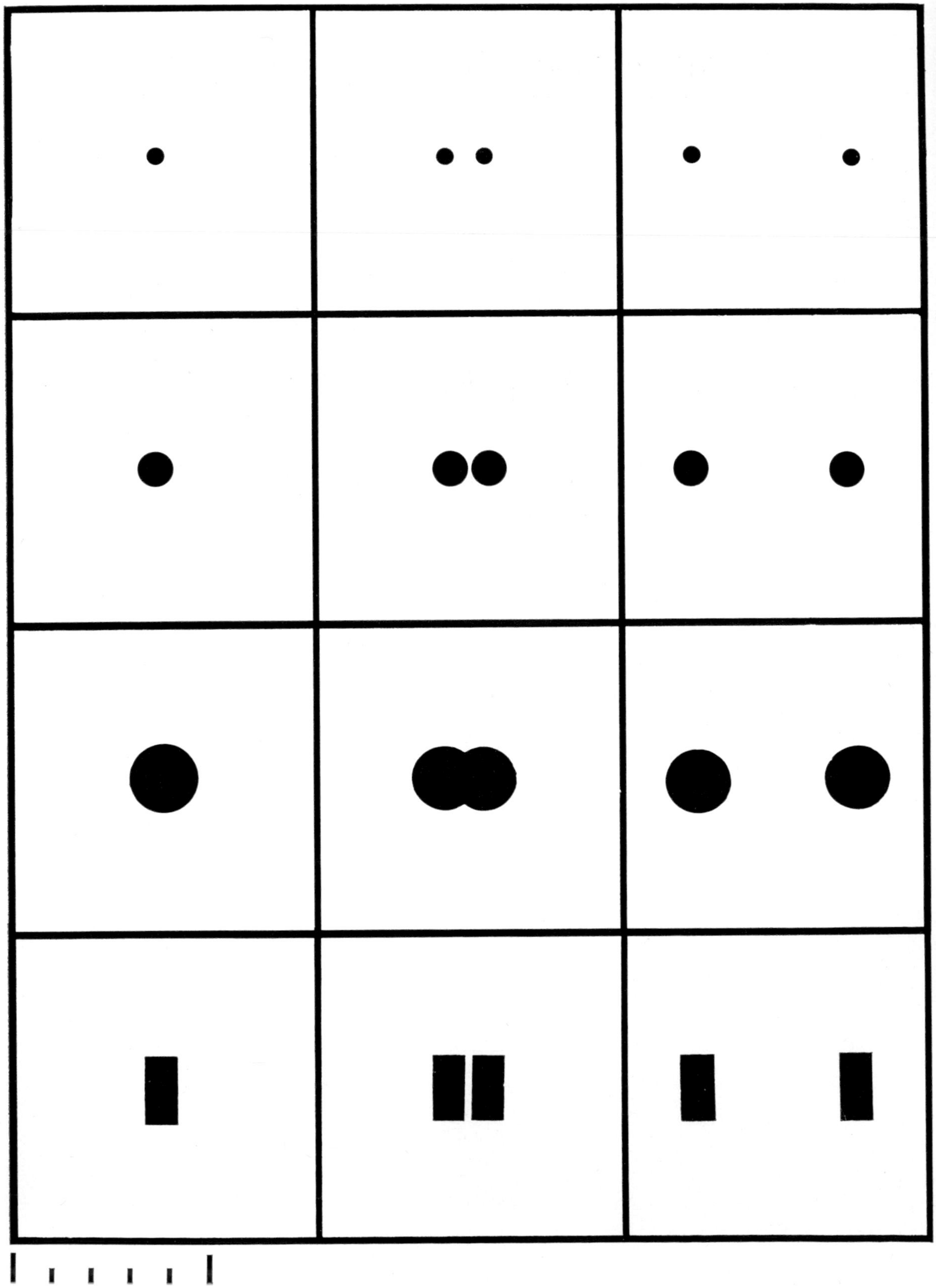

Plate 1

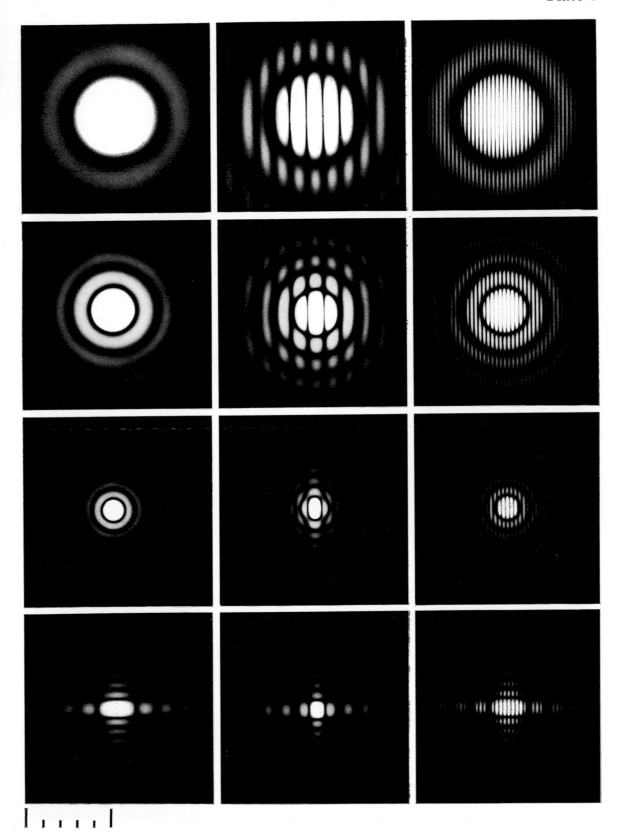

Plate 2

Plate 2

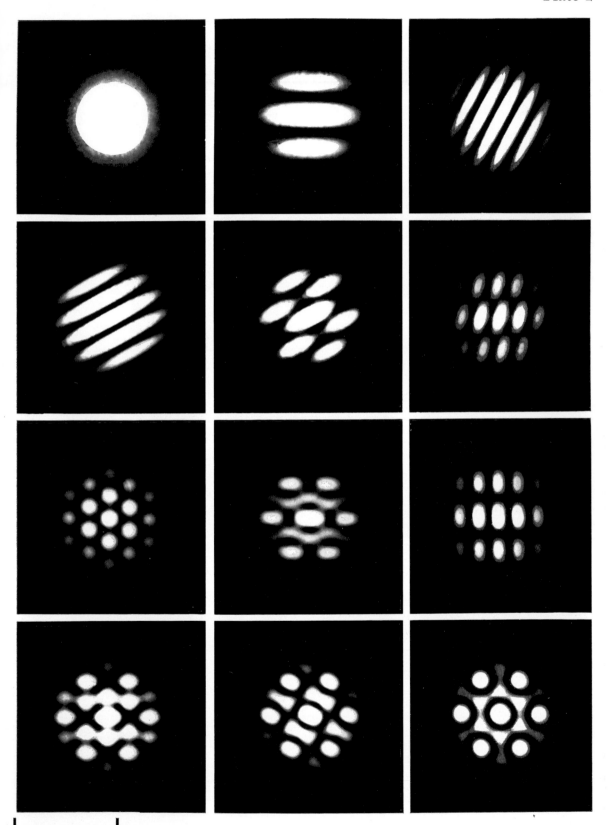

Plate 3

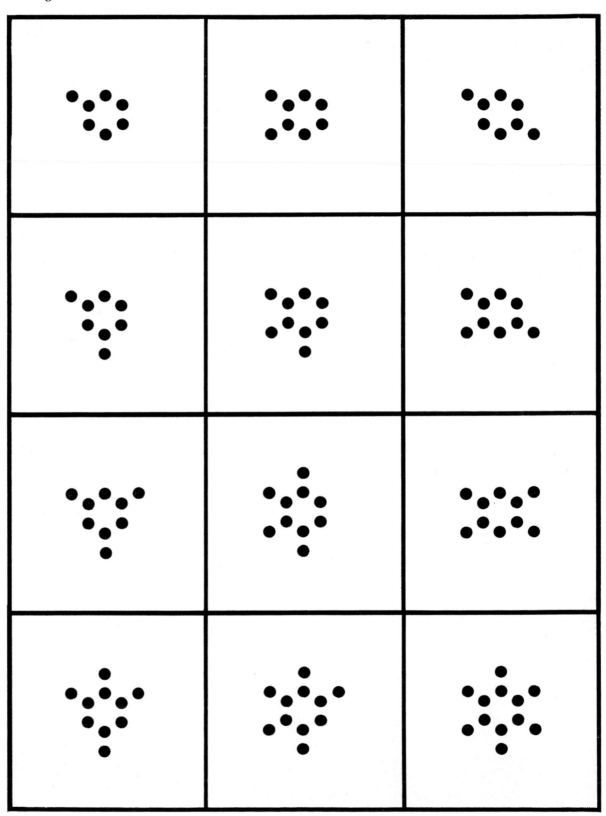

Plate 3

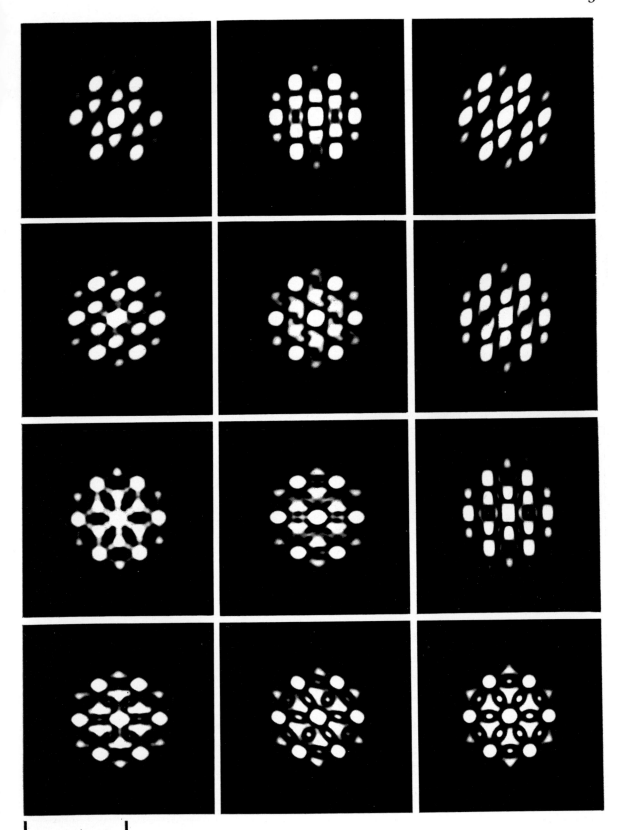

Plate 4

Plate 4

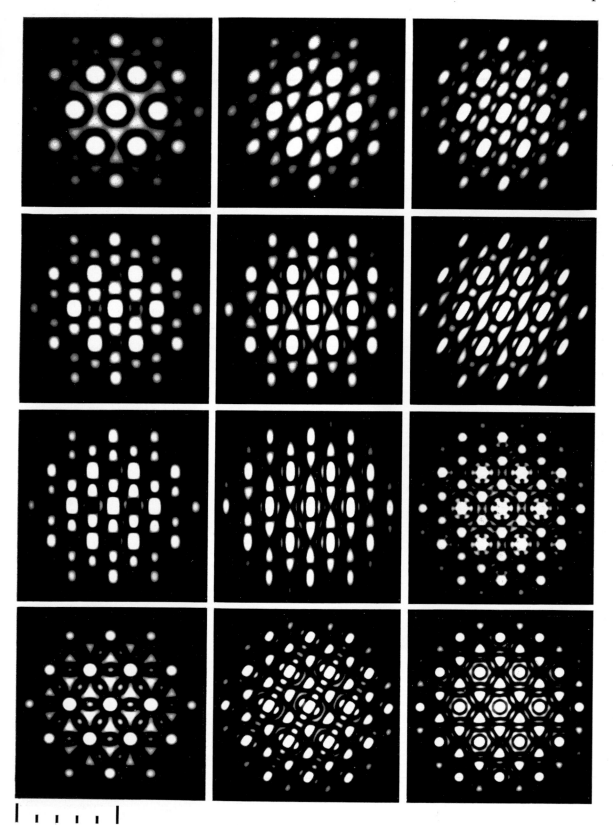

Plate 5

Plate 5

Plate 6

Plate 6

Plate 7

Plate 7

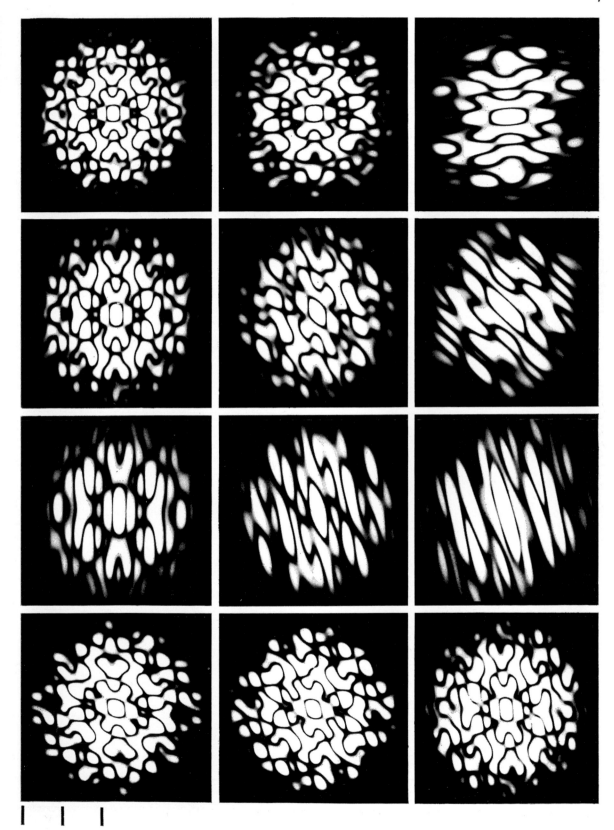

Plate 8

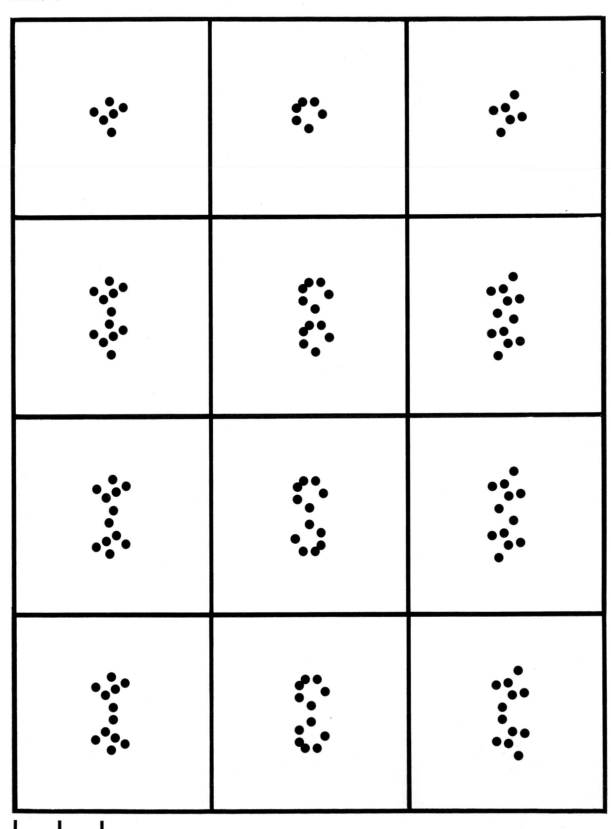

Plate 8

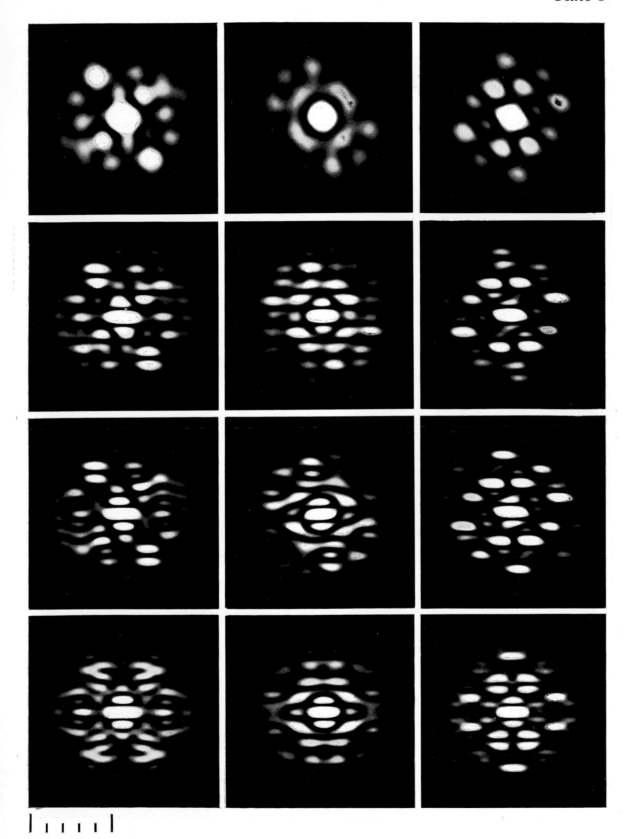

Plate 9

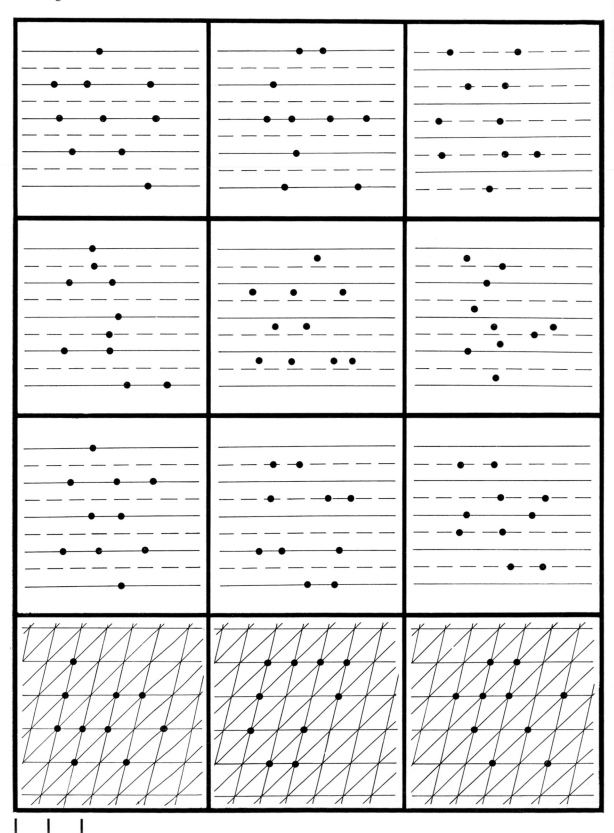

Plate 9

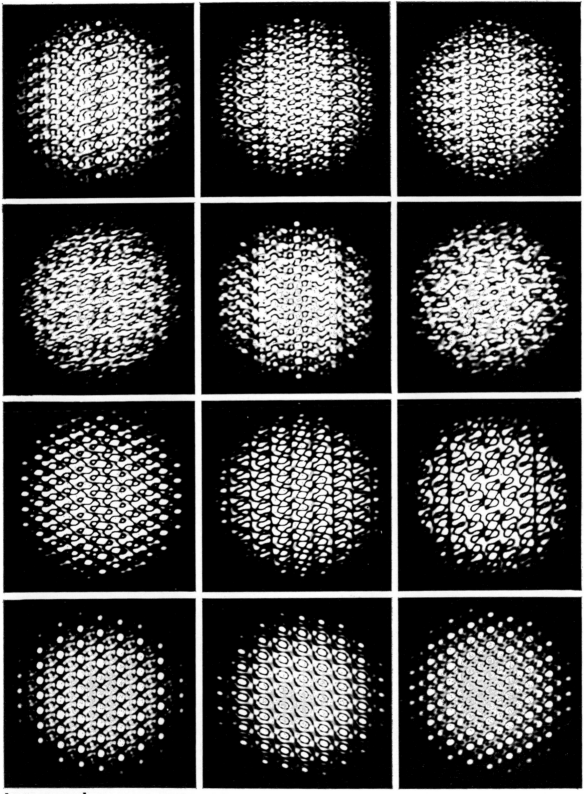

Plate 10

Plate 10

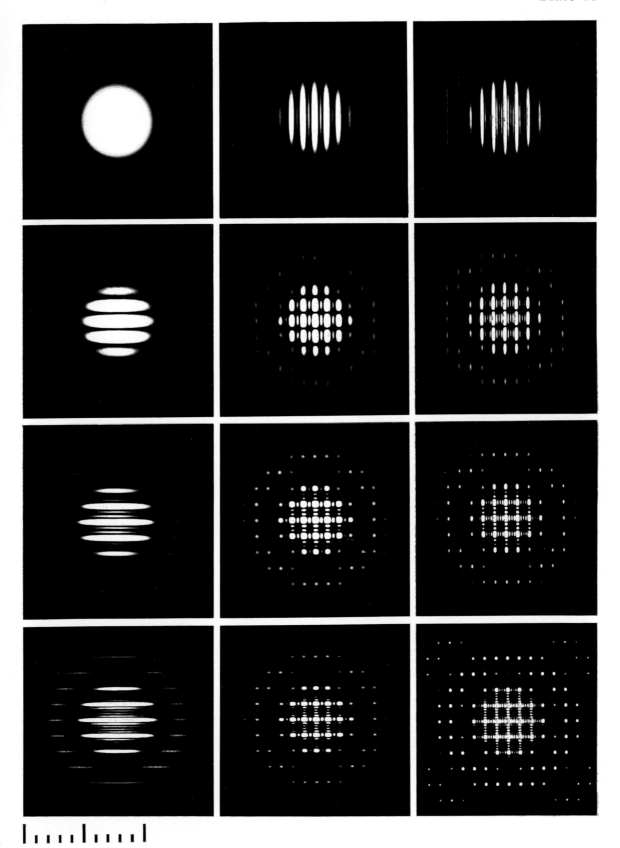

Plate 11

Plate 11

Plate 12

Plate 12

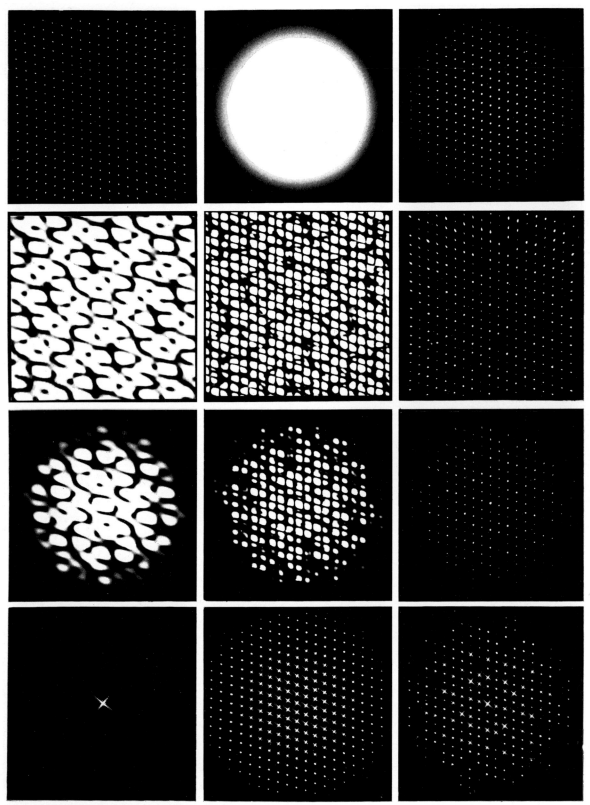

Plate 13

Plate 13

Plate 14

Plate 14

Plate 15

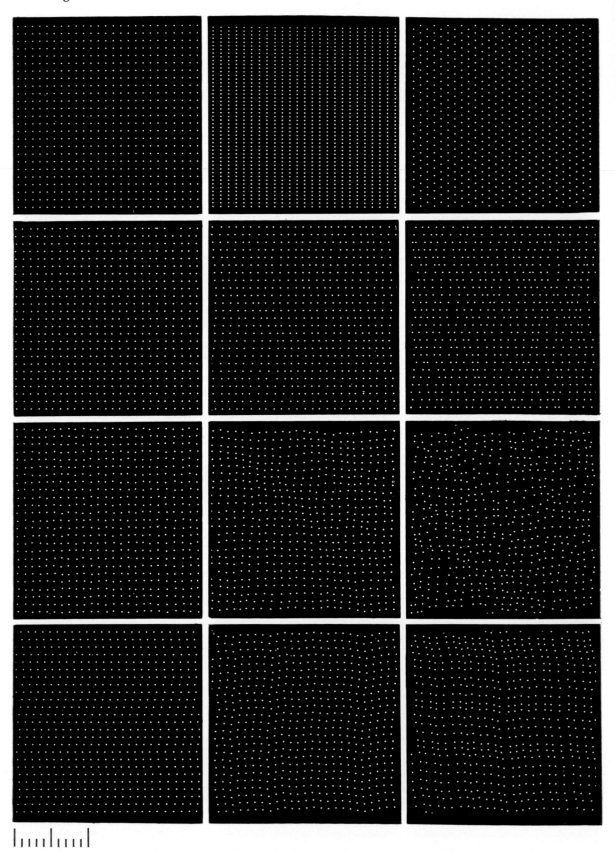

Plate 15

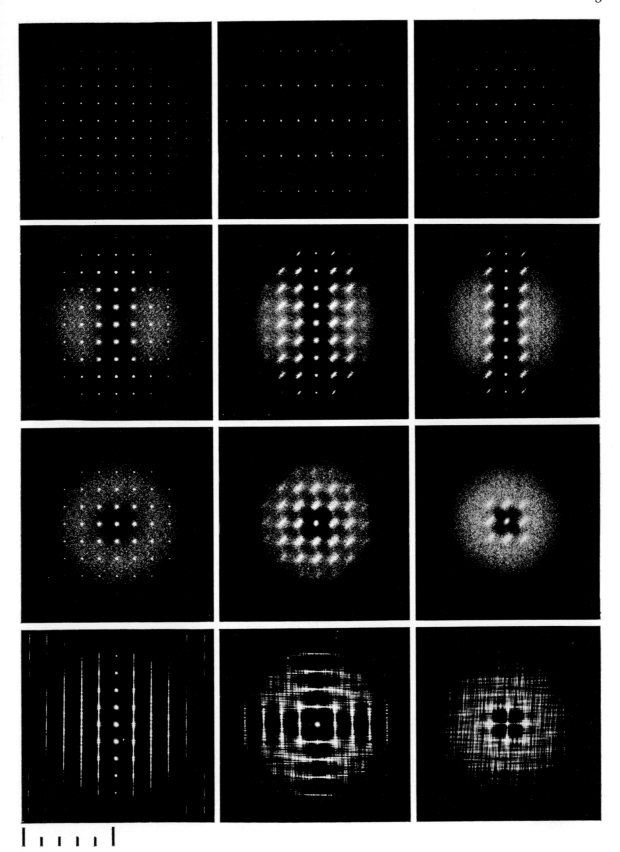

Plate 16

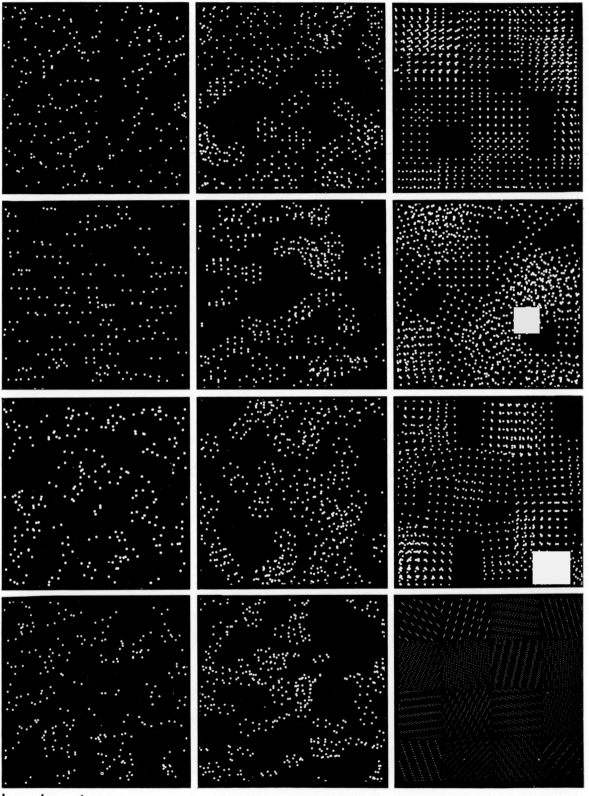

Plate 16

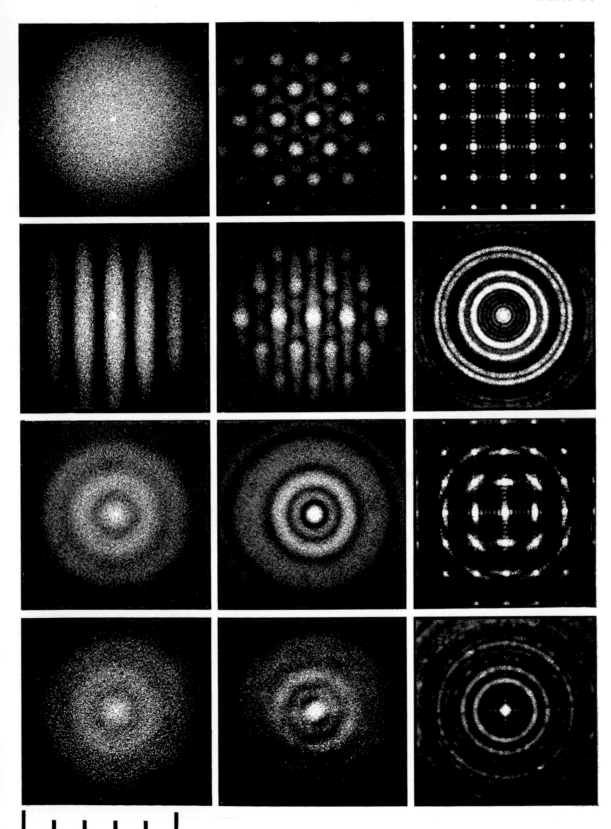

Plate 17

Plate 17

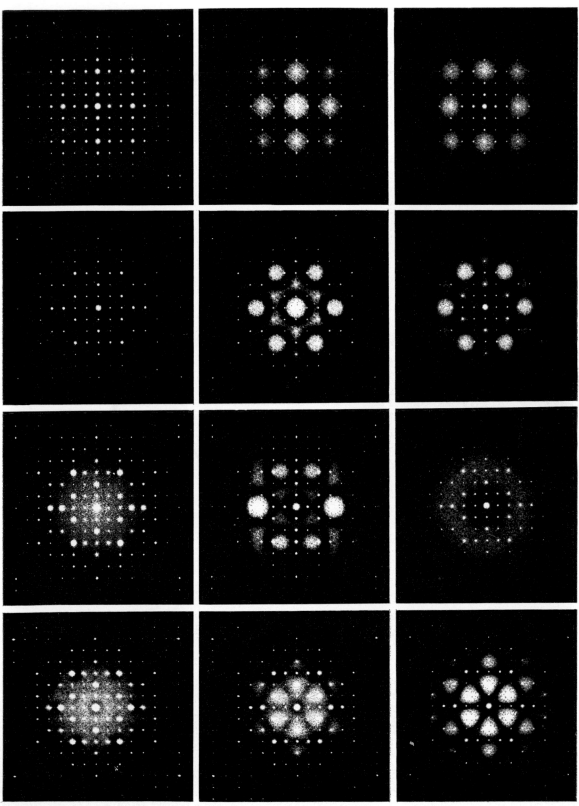

Plate 18

Plate 18

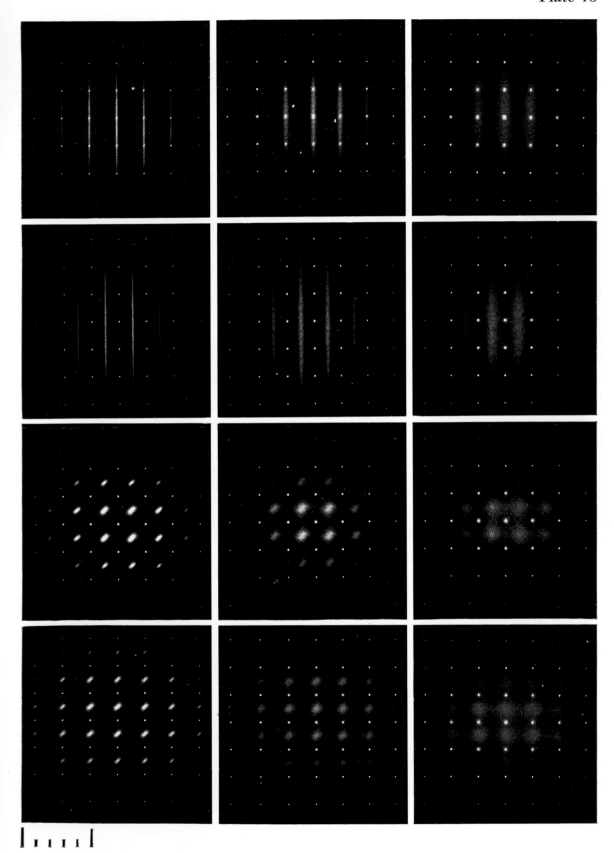

Plate 19

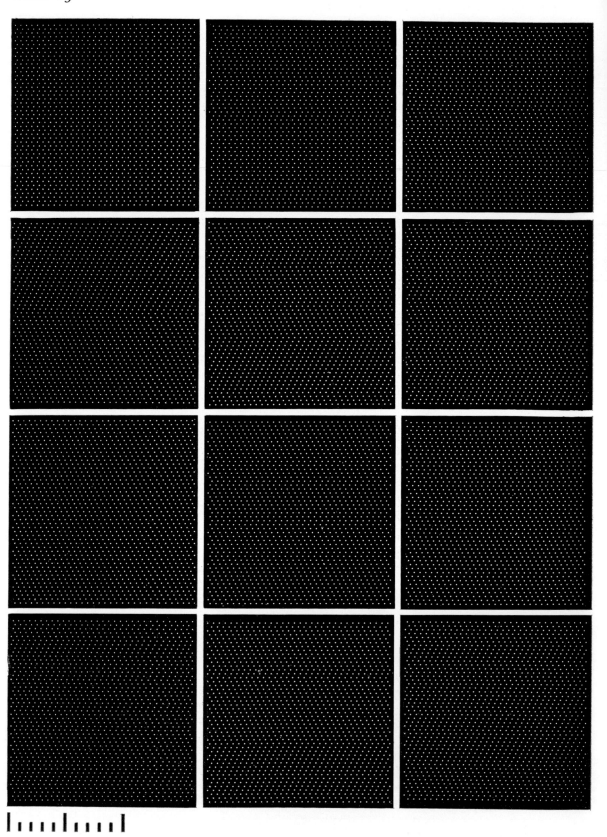

Plate 19

Plate 20

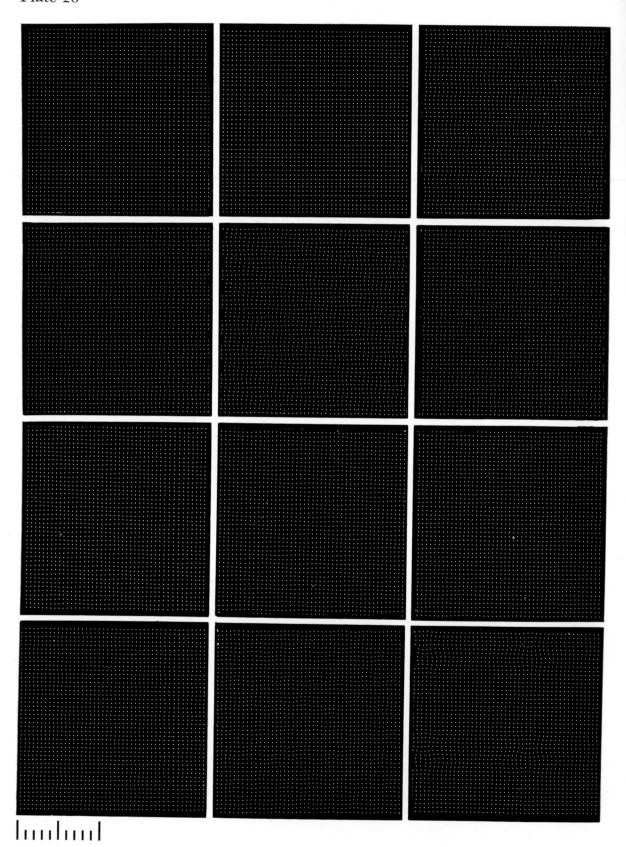

Plate 20

Plate 21

Plate 21

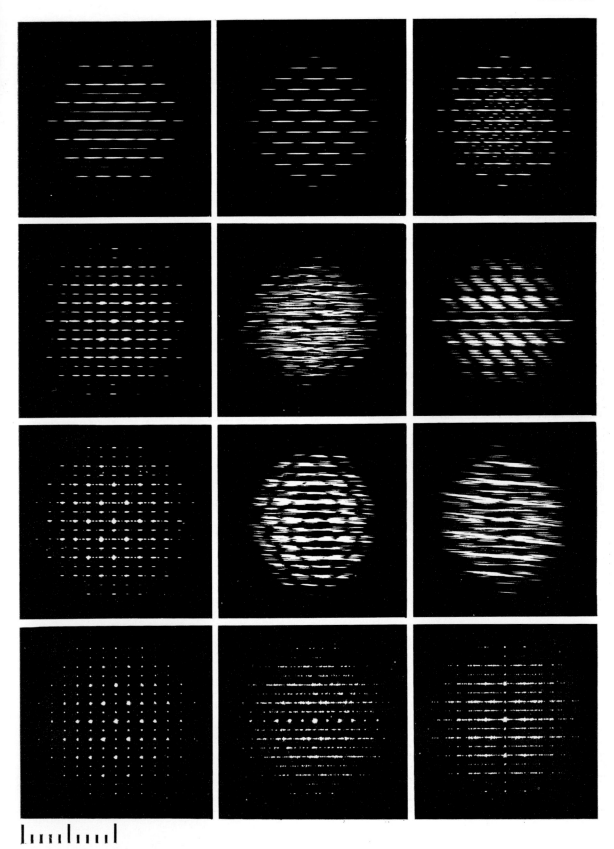

Plate 22

Plate 22

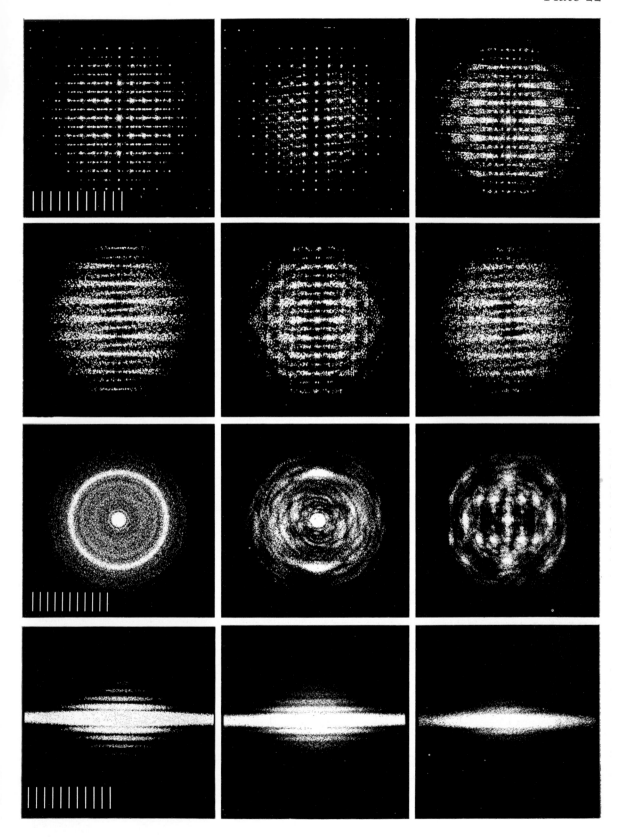

Plate 23

Plate 23

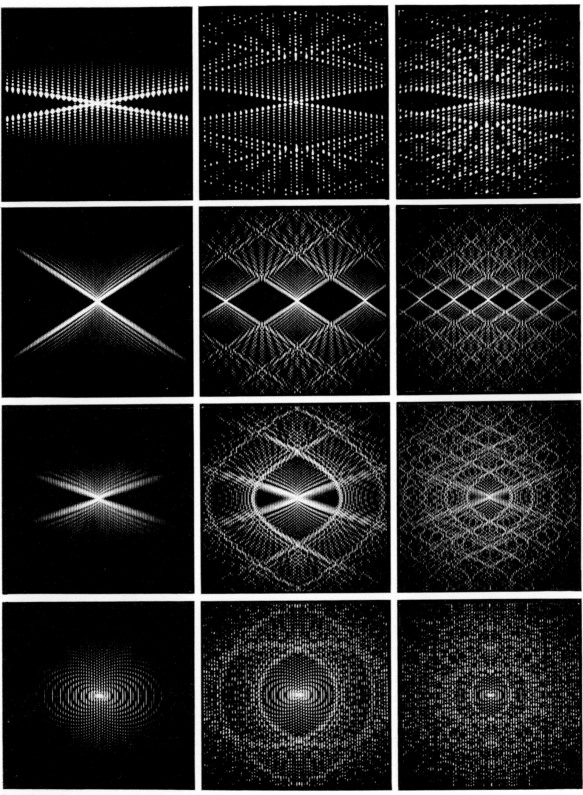

Plate 24

Plate 24

Plate 25

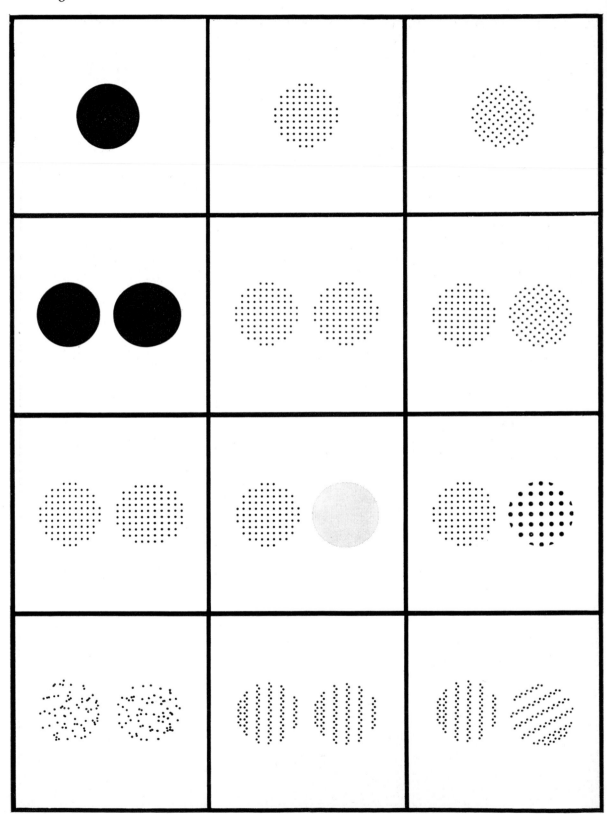

Plate 25

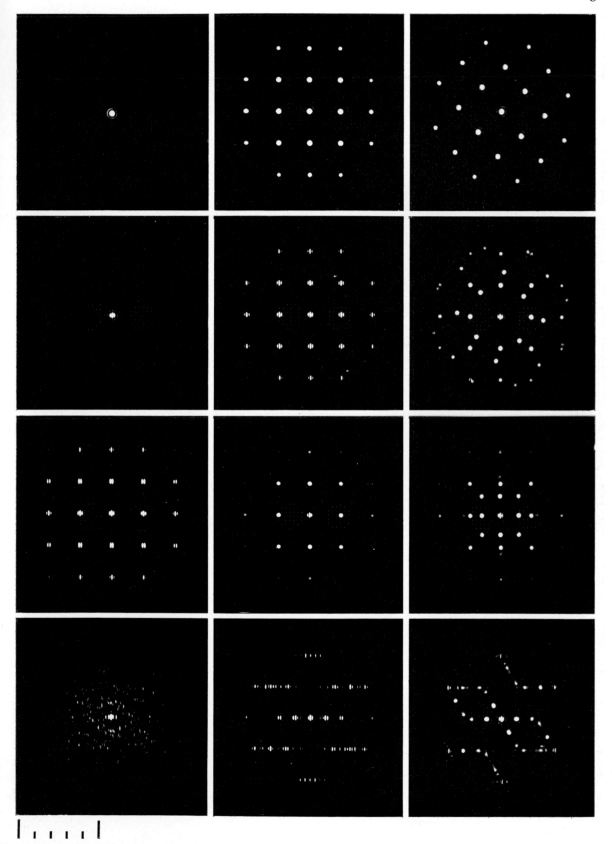

Plate 26

Plate 26

Plate 27

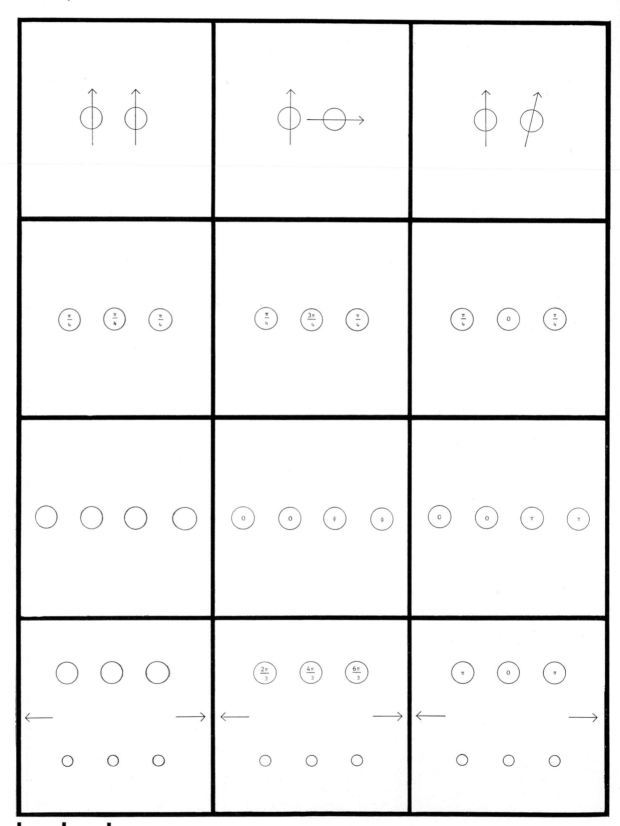

Plate 27

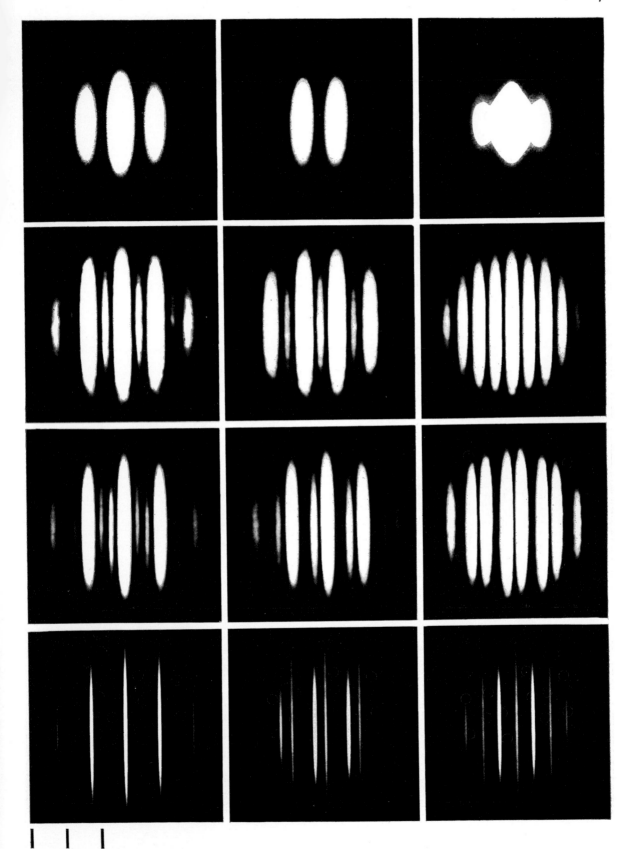

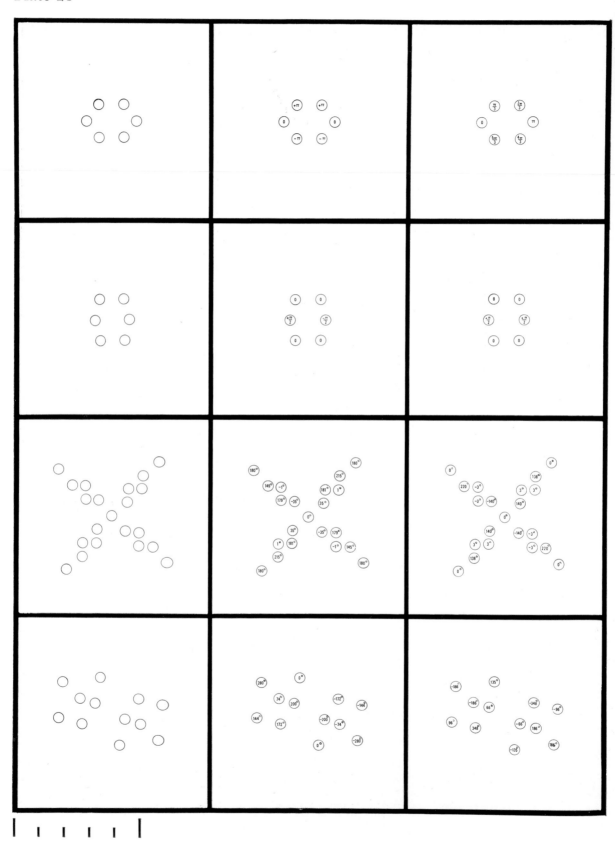

Plate 28

Plate 28

Plate 29

Plate 29

Plate 30

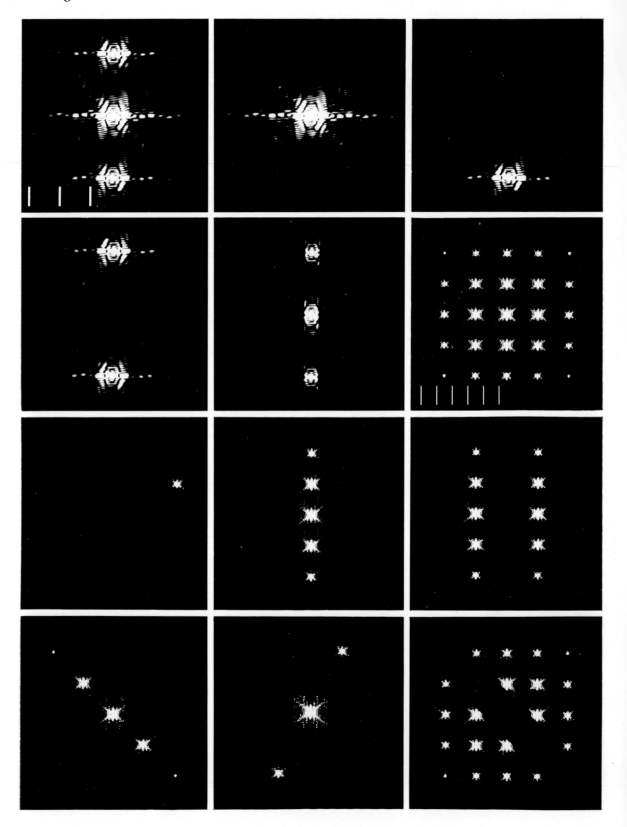

Plate 30

Plate 31

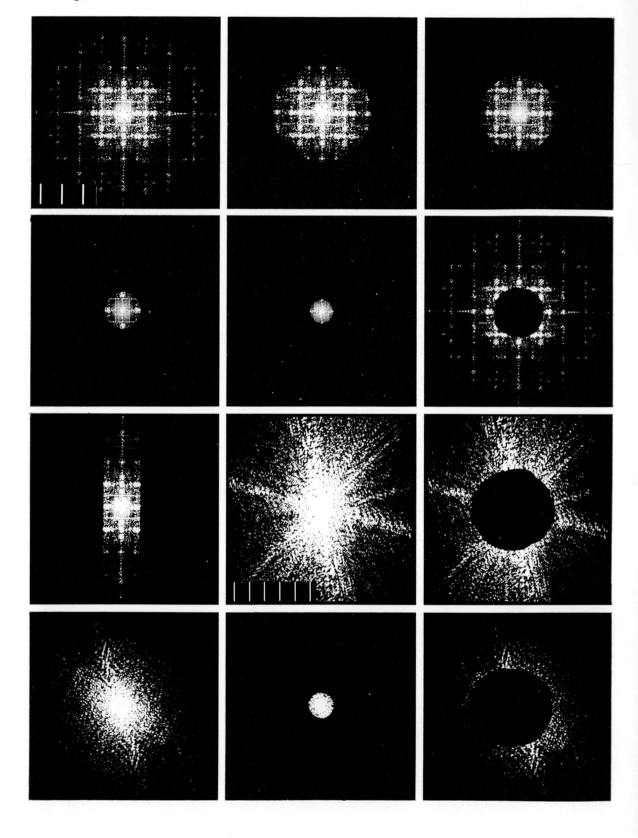

Plate 31

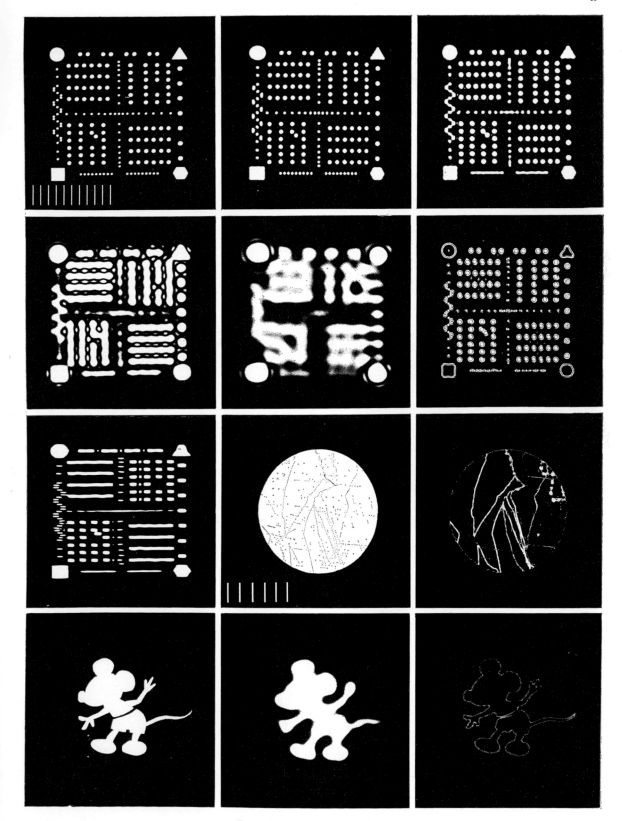

Plate 32

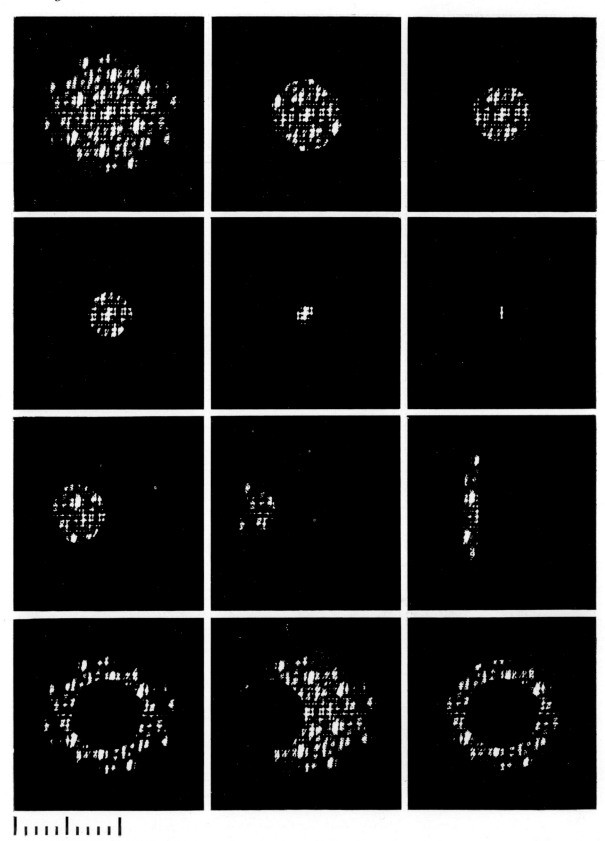

Plate 32

Appendix 2
Notes on the plates

Plate 1 Simple shapes and spacings

In each horizontal row the size and shape of the diffracting aperture is the same; in each vertical column the dispositions of the centres of the apertures are the same. The plate illustrates the idea of convolution in real space and multiplication in reciprocal space.

Plate 2 Superimposed fringes

The sequence shows how the diffraction pattern of a simple object is built up by superposition of sets of fringes.

Plate 3 Two hexagons

A continuation of Plate 2. The effect of adding further holes to make a hexagon of twice the scale of the first one is shown.

Plate 4 Combination of hexagonal arrangements

On this plate all the masks can be thought of as representations of idealised chemical molecules based on benzene.

Plate 5 Addition

Various aspects of the addition theorem in Fourier transformation are illustrated. In particular the addition of a diffracting unit at a centre of symmetry leads to enhancement of the positive (or in-phase) regions and diminution of the negative regions of the diffraction patterns, so providing a 'sign determination' procedure (2 and 3). Additions with respect to different origins are also illustrated.

Plate 6 The effect of orientation

The upper row shows three different planar molecular representations. In each successive row the diffracting masks are two-dimensional projections of the molecules in the upper row subjected to identical rotations in space.

Plate 7 Orientation

This plate is similar to Plate 6, but one object only is used and although the projections of the rotations have been done rather crudely and irregularly the patterns are still clearly interpretable.

Plate 8 Symmetry operations

In each of the vertical columns the basic object is the same. The object for the left-hand column has no symmetry, that for the centre column has a plane of symmetry, and that for the right-hand column has a two-fold axis perpendicular to the page. In the second horizontal row two objects are combined with a lateral translation, in the third row they are combined with a two-fold axis and in the fourth they are combined with a mirror plane.

Plate 9 The contribution of atoms in a unit cell to a particular X-ray reflection

1–3. The separations of the eleven principal spots on the centre vertical row of the diffraction patterns are reciprocally related to the spacing of the full lines in the masks. The distribution of the 'atoms' along the lines alters the rest of the pattern but these eleven spots remain strong.

4. The situation of some atoms in positions midway between the full lines affects the centre vertical row but alternate spots are still strong.

5. Vertical shifts do not affect the strong peaks, it is only the spacing of the rows that is important.

6. The atoms are no longer distributed along equally-spaced lines and the strong reflections are missing.

7–9. The atoms are again distributed along the lines but, in each case, the overall distribution is centrosymmetric, and consequently, the diffraction patterns have sharply defined zero lines. The corresponding Fourier transform is real.

10–12. Three different arrangements of atoms giving three different patterns. In each mask the atoms are at the intersections of three different sets of parallel lines—that is, at selected points of a lattice. In all the patterns the reciprocal lattice points are strong even though the rest of the pattern is different in the three cases.

Plate 10 Development of a lattice

A single aperture is repeated to build up rows and columns which are combined to produce the lattice of 12. Subsidiary diffraction maxima due to the small number of apertures can be seen clearly.

Plate 11 Lattices

The same basic unit of structure (which may be thought of as a chemical molecule) is used to build up twelve different crystal lattices. The overall multiplication by the transform of the basic unit is obvious in all twelve diffraction patterns.

Plate 12   Diffraction by a crystal

A crystal can be broken down into four component functions. The lattice, the scattering centre (atom), the scattering unit (molecule) and the bounding surfaces. These functions are shown in various combinations. The plate illustrates multiplication and convolution in both real and reciprocal space.

Plate 13   Convolution and multiplication

The basic diffracting unit consists of either a circle, a square or a rectangle in either of two different orientations. These basic units are repeated on square or rectangular lattices. Various shapes are used to limit the extent of the lattice that is included in each mask.

Plate 14   Circular and spiral lattices

A number of circular and spiral lattices, inspired by the structures of fibrous minerals such as chrysotile, are shown. See Whittaker (1955).

Plate 15   Perfect and paracrystalline lattices

1. Perfect square lattice.
2. Perfect rectangular lattice.
3. Perfect hexagonal lattice.
4. The same basic lattice as 1 but each point has been displaced horizontally from its original position by an arbitrary amount of up to 10% of the lattice spacing.
5. Paracrystal. Lattice points are confined to rows and columns but only the spacing of the horizontal rows is perfect. The horizontal spacing within each row is subject to a 10% variation and the register between a point in one row and the corresponding position in the next row is also subject to a 10% variation.
6. As 5 but with a larger ($\sim 25\%$) variation in the spacing and register.
7. Similar to 4 but the displacements are now two-dimensional.
8. Paracrystal. Lattice points are still confined to rows and columns but both the spacings within rows and columns and the register between corresponding points in adjacent rows and columns are subject to 10% variations about the mean value.
9. As 8 but with larger ($\sim 25\%$) variations in spacing and register.
10. Each horizontal row is a perfect one-dimensional lattice but the register of each row is subject to a 10% variation relative to the preceding row.
11. A paracrystal for which the unit cells are parallelograms of equal side but the cell angles vary.
12. As 11 but the magnitude of the cell side varies in addition to the variation in the cell angles.
The asymmetry of the diffuse intensity peaks in numbers 5, 6, 8 and 9 is a consequence of the method used for generating the arrays.

Plate 16   Gas and powder patterns

The diffracting screens represent projections of three-dimensional distributions of different atomic groups.

1. Single 'atoms' are positioned randomly; a monatomic gas.

2. Single 'benzene molecules' are positioned randomly but each has the same orientation with respect to axes in, and normal to, the plane of the paper.

3. The same as 2 but the benzene molecules are replaced by a small two-dimensional crystallite.

4. Pairs of atoms with bonds aligned are positioned randomly.

5. Benzene molecules positioned randomly, but having an arbitrary rotation about an axis in the plane of the paper.

6. Small crystallites positioned randomly but with arbitrary rotations about an axis normal to the page.

7. Pairs of atoms randomly positioned but with arbitrary rotations about an axis normal to the page.

8. Benzene molecules randomly positioned but with arbitrary rotations about an axis normal to the page.

9. The same as 6 but with orientations tending to be a preferred value.

10. Pairs of atoms randomly positioned and with arbitrary orientations in three dimensions.

11. Benzene molecules randomly positioned and with arbitrary orientations in three dimensions.

12. Three dimensional crystallites with arbitrary orientations in three dimensions. The crystallites are arranged on a coarse lattice for convenience only. (A powder pattern.)

Plate 17   General disorder

Various kinds of disorder are illustrated, all based on the same square lattice and two different types of scattering object (a square and a hexagon). Numbers 1–3 and 4–6 illustrate the similarities and differences between 'thermal' and 'substitutional' disorder. Numbers 2, 5 and 8 show how, for substitutional disorder, the diffuse scattering is proportional to the difference between the transforms of the two types of scatterer. Numbers 6 and 9 illustrate the difference between rigid-body motion (i.e. where the hexagons move as a whole) and independent motion of the 'atoms'. Numbers 7, 10, 11 and 12 are examples of the effect of omitting individual atoms from an otherwise perfect array of hexagons; in 7 20% of atoms have been omitted at random whereas in 10 one atom from each hexagon has been omitted. In 11 and 12 two and three atoms respectively have been omitted from each hexagon.

Plate 18   Short-range order

All the masks are based on a square lattice of unit cells each containing one hole. In each example approximately half of the lattice sites are occupied. In the four rows of diffracting screens the degree of order decreases from left to right. Each row is derived from a different type of perfect superlattice and may be classified according to whether 'atoms' tend to segregate or alternate in the two axial directions. Numbers 1–3 have a tendency to sideways segregation but vertically neither segregation nor alternation is preferred. Numbers 4–6 tend to sideways alternation and vertically neither segregation nor alternation is preferred. Numbers 7–9 have sideways alternation and vertical alternation. Numbers 10–12 have sideways segregation but vertical alternation. The asymmetry of the diffuse intensity peaks in Numbers 7–12, and particularly noticeable in 7 and 10, is a consequence of the method used to generate the arrays. For further details see Welberry and Galbraith (1973).

Plate 19   Stacking faults

The diffracting screens represent layers of atoms stacked vertically. Three types of layer A, B and C, which differ only in their horizontal displacement, are present, the displacements are 0, 1/3, 2/3 of a lattice spacing respectively. Hexagonal packing is represented by a perfect layer sequence ABABA . . . or BCBCB . . . or ACACA . . . while the sequences ABCABCABC . . . and CBACBACBA . . . are the left-hand and right-hand cubic forms. In the disordered sequences two probability parameters, α and β, were used to produce the layer sequences and these are defined in the following way.

α is the probability that after layers AB the next is A.
1–α is the probability that after layers AB the next is C.
0 is the probability that after layers AB the next is B.
β is the probability that after layers BA the next is B.
1–β is the probability that after layers BA the next is C.
0 is the probability that after layers BA the next is A.

In the above definitions, A, B and C may be rotated cyclically. The actual values used to generate the examples shown were.

	α	β		α	β		α	β
1.	1·0	1·0	2.	0·9	0·9	3.	0·7	0·7
4.	0·003	0·003	5.	0·1	0·1	6.	0·3	0·3
7.	0·0	1·0	8.	0·1	1·0	9.	0·3	1·0
10.	0·5	0·5	11.	0·1	0·5	12.	0·3	0·5

Plate 20   Thermally disturbed lattices

This Plate illustrates the way in which thermal perturbations of a real crystal lattice give rise to diffuse scattering in the neighbourhood of diffraction maxima. All diffraction screens are based on the perfect lattice of 1, and have been produced by displacing individual lattice points by an amount proportional to the amplitude of one or more 'thermal' waves. These waves are

2. One longitudinal wave travelling up the page.
3. One transverse wave travelling up the page.

4. One transverse wave travelling in an arbitrary direction.

5. The same wave as 4 but with greater amplitude.

6. One transverse wave travelling in the same direction as 4 and 5 but with a shorter wavelength.

7. One longitudinal wave travelling in the same arbitrary direction as 4.

8. One wave travelling in the same direction as 4 and 7 but having some transverse and some longitudinal character.

9. Two waves travelling in different directions but having the same vibration direction.

10. Two waves travelling in the same two directions as 9 but each is a pure transverse wave.

11. Six waves of various wavelength, direction and vibration direction.

12. Twenty-four waves of various wavelength, direction and vibration direction.

Plate 21   Diffraction effects from fibres. I

1–3. Three single chains of different detailed structure. The layer lines are already present in the diffraction patterns although there is no crystalline structure unless the periodicity along the chain itself is regarded as one-dimensional crystallinity.

4. Two units as for 1.

5. Similar to 1. Two out of the three 'atoms' of the basic repeating group are randomly displaced.

6. Similar to 1. The basic repeating group of three atoms is fixed but the positions of the group along the chain are randomly displaced from the perfect positions of 1.

7. Four units as for 1.

8. A single chain as for 1 but with bends introduced in the plane of the photograph.

9. A single chain as in 1. The chain is bent as in 8 and also twisted about the chain axis.

10. A complete crystallite built up from the single chain of 1.

11. As 10 but with random displacements of complete chains in the vertical direction only. Note the horizontal row of sharp spots in the diffraction pattern.

12. As 10 but with random displacements of complete chains in the horizontal direction only. Note the vertical row of sharp spots in the pattern.

Plate 22   Diffraction effects from fibres. II

1. As Plate 21–10 but with random rotations about each individual chain axis. The pattern has far more sharp spots than Plate 21–12.

2. As Plate 21–10 but with random twists about each chain axis. The pattern has even more sharp spots than Plate 21–12 and 22–1.

3. As Plate 21–10 but with random rotations of the chains about axes perpendicular to the plane of the mask.

4. As 3 but with random twists about the chain axes as well.

5. As Plate 21–10 but with bending of the chains in the plane of the mask.

6. As 5 but with twists about the chain axes as well.

7. Projections of about 350 'crystallites' each consisting of about 150 to 200 'atoms' arranged randomly along parallel, equidistant rows. The crystallites are randomly oriented in the plane of projection.

8. As 7 but with a high degree of preferred orientation about the vertical direction.

9. Similar to 7. A projection of a collection of reasonably well oriented crystallites simulating a simple cellulose structure.

10–12. A series showing the patterns produced by randomly sited voids in fibres. The void widths have a Gaussian distribution as do their lengths L and their three dimensional orientations θ to the vertical direction. The width distribution is the same for all three, the parameters for the length and angular distributions are as follows.

$$10. \quad \sigma_L/L = 0; \quad \sigma\theta = 0$$
$$11. \quad \sigma_L/L = 1/6; \; \sigma\theta = 0$$
$$12. \quad \sigma_L/L = 1/6; \; \sigma\theta = 2\tfrac{1}{2}°$$

Plate 23 Helices

Along each horizontal row a helix is shown first as a continuous curve and then sampled at equal intervals along the curve in two different ways. Numbers 1–3 and 4–6 show helices of different pitch viewed along a direction normal to their axes. Numbers 7–9 and 10–12 use the same helix as 4 but the viewing direction is at different angles to the axis of the helix.

Plate 24 Coiled coils and double helices

The effects of changing the amplitude of the secondary coil, the number of turns per turn, and the sampling of the basic curve are illustrated. In addition two double helices are shown which may be compared with the single helices of Plate 23. In 8 and 9 the two helices are 180° out of phase whereas in 11 and 12 they are out of phase by an arbitrary amount.

Plate 25 Small-angle scattering

This series demonstrates that, irrespective of the detailed distribution of the scattering points, the diffraction at small angles depends on the broadest features of the diffraction screen.

Plate 26 Diffraction effects of a gauze

1–10. The masks of this series consist of two circular apertures covered by square-mesh gauzes in the same orientation. For each mask the gauze over the right-hand aperture is shifted by a definite fraction of the gauze repeat distance, in both horizontal and vertical directions, relative to the gauze over the left-hand aperture. The diffraction patterns at the reciprocal lattice points show phase effects dependent on the shifts. The shifts are as follows, the horizontal fraction stated first:

1. $0, 0$ 2. $\frac{1}{4}, \frac{1}{4}$ 3. $1/3, 1/3$

4. $0, \frac{1}{4}$ 5. $\frac{1}{4}, 1/3$ 6. $1/3, \frac{1}{2}$

7. $0, 1/3$ 8. $\frac{1}{4}, \frac{1}{2}$ 9. $\frac{1}{2}, \frac{1}{2}$

10. $0, \frac{1}{2}$

11. Enlargement of central region of 10.

12. Enlargement of central region of 9.

Plate 27   Phase control with mica

This plate illustrates phase control over the beams transmitted by the apertures in the mask using mica in the ways listed in Appendix 1B.

1–3. Method 4. Mica plates in unpolarised light. The arrows over the apertures indicate the fast directions in the mica plates.

4–6. Method 5. Half-wave plates of mica in plane-polarised light. The phases of the transmitted beams are shown inside the circles representing the apertures.

7–9. Method 6. Mica plates tilted in unpolarised light. In 7 the phases are all 0. In 8, ϕ is an arbitrary phase value between 0 and π.

10–12. Method 7. Half-wave mica plates oriented in circularly-polarised light. The arrows on the masks indicate that only part of the rows of holes are shown. To avoid interference effects between the two rows of holes separate exposures of their individual diffraction patterns were made on the same piece of film. The fringes from the smaller diameter holes are used as fixed marks against which the movement of the fringes from the larger set of holes can be judged. In 10 the phases of all the transmitted beams are the same; in 11 they increase by increments of $2\pi/3$ between adjacent apertures and in 12 the increment is π.

Plate 28   Non-central sections of three-dimensional transforms

A non-central section of the reciprocal solid can be recorded if it is moved to the centre by altering the phases of the light beams transmitted at the apertures, see Harburn and Taylor (1961). In all cases the phases have been altered by method 7 of Appendix 1B. The masks shown in the left-hand column transmit all beams with the same phase, in all other cases the phases are shown within the circles representing the apertures.

1–3. A tilted benzene ring.

4–6. A benzene ring in the boat and chair conformations.

7–10. Pentaerythritol. Sections hk0, hk1 and hk4 respectively. Data from Llewellyn, Cox and Goodwin (1937).

10–12. Tetraethyl diphosphine disulphide. Section hk0, a non-central section for a hypothetical planar molecule, and hk3 respectively. Data from Dutta and Woolfson (1961).

Plate 29 Optical Fourier synthesis

1–9. This series shows various contributions to the synthesis of rhodium phthalocyanine. Amplitude control is by method 1, Appendix 1B. No phase control is necessary because the scattering from the large rhodium atom at the origin dominates the diffraction pattern. Dunkerley and Lipson (1955).

10. Projection of hexamethylbenzene. Amplitude control by method 3, phase control by method 5. Hanson and Lipson (1952).

11. Urea. Amplitude control by method 2, phase control by method 6. Wyckoff and Corcy (1934).

12. Non-centrosymmetric projection of sodium nitrite. Amplitude control by method 2, phase control by method 7. Carpenter (1952).

The amplitude and phase information for numbers 10–12 can be found in the references given.

Plate 30 Spatial filtering

The left-hand page shows examples of diffraction patterns after modification by various obstructions. The right-hand page shows the images formed, in the manner described in Appendix 1A, from the information remaining in the diffraction patterns. Numbers 1 and 6 show the complete diffraction patterns and the corresponding 'perfect' images.

Plate 31 Spatial filtering

Numbers 1, 8 and 10 are complete diffraction patterns. Numbers 1–7 show the effect on resolution of excluding information from the final image for a test object. The amount of error in image 4 is particularly interesting. The diffracting object for 8 was a piece of mica with steps and scratches on the surface; 9 is an example of central dark-ground microscopy.

Plate 32 Spatial filtering

Number 1 shows the diffraction pattern and image of part of a perfect crystal structure. The rest of the series illustrates the effect on the image of excluding various Fourier components from a crystal structure calculation.

Appendice 2
Notes sur les planches

Planche 1   Formes simples et échelles

Dans chaque rangée horizontale, la taille et la forme de l'ouverture diffractante sont les mêmes; dans chaque colonne verticale la disposition des centres des trous est la même. La planche illustre l'idée de convolution en espace réel et de multiplication en espace réciproque.

Planche 2   Franges superposées

La série montre ce que devient la figure de diffraction d'un objet simple par superposition d'ensembles de franges.

Planche 3   Deux hexagones

Suite de la planche deux. Addition d'autres trous pour obtenir un hexagone double du premier.

Planche 4   Arrangements hexagonaux combinés

Sur cette planche, on peut considérer tous les masques comme des représentations idealisées de molécules de la famille du benzène.

Planche 5   L'addition

Illustration de nombreux aspects du théorème de l'addition dans les transformées de Fourier. En particulier l'addition d'une unité de diffraction à un centre de symétrie mène à une valorisation des régions positives ou 'en phase' et à une diminution des régions négatives des figures de diffraction, fournissant ainsi un procédé de détermination du signe (2 et 3). Des additions en rapport avec des origines différentes sont également illustrées.

Planche 6   Les effets de l'orientation

La rangée supérieure montre trois différentes représentations moléculaires planes. Dans chaque rangée suivante, les masques diffractants sont des projections à deux dimensions des molécules de la première rangée soumises à des rotations identiques dans l'espace.

22

Planche 7   Orientation

Cette planche est semblable à la planche 6, mais on utilise en seul objet. Bien que les projections des rotations soient plutôt grossières et irrégulières, on peut néan moins interpréter les figures sans ambiguité.

Planche 8   Opérations de symétrie

Dans chacune des colonnes verticales, le motif de départ est le même. Le motif de la colonne de gauche n'a pas de symétrie, celui de la colonne du milieu a un plan de symétrie et celui de la colonne de droite a un axe d'ordre 2, perpendiculaire à la page. Dans la deuxième rangée horizontale, deux motifs se déduisent l'un de l'autre par une translation latérale, dans la troisième colonne, ils se déduisent l'un de l'autre par l'action d'un axe d'ordre 2 et dans la quatrième, par symétrie par rapport à un miroir.

Planche 9   Contribution des atomes dans une maille primitive à une réflection particulière de rayons X

1–3. La distance qui sépare les onze principaux points sur la rangée verticale au centre de la figure de diffraction est inversement proportionelle à la distance qui sépare les lignes pleines sur les masques. La répartition des 'atomes' le long des lignes modifie le reste de la figure, mais ces onze points présentent toujours une forte intensité.

4. La position de certains 'atomes' placés à mi-chemin entre les lignes pleines affecte la rangée verticale centrale mais les points alternés ont encore une forte intensité.

5. Les déplacements verticaux n'affectent pas les pics à forte intensité. Seul l'espacement des rangées est important.

6. Les atomes ne sont plus répartis sur des lignes à espacement régulier et les fortes réflexions sont absentes.

7–9. Les atomes sont à nouveau répartis le long de lignes mais, dans chaque cas, la distribution totale est centrosymétrique, et par conséquent, les figures de diffraction ont des axes nettement définis. La transformée de Fourier correspondante est réelle.

10–12. Trois arrangements d'atomes différents donnant trois figures différentes. Dans chaque masque, les atomes sont aux intersections de trois ensembles différents de lignes parallèles. C'est-à-dire, aux noeuds donnés d'un réseau. Dans toutes les figures, les noeuds du réseau réciproque ont une forte intensité même si le reste de la figure est différent dans les trois cas.

Planche 10   Mise au point d'un réseau

Une ouverture unique se répète pour former les rangées et les colonnes d'un réseau de 12. On peut voir nettement une diffraction maxima subsidiaire due au petit nombre d'ouvertures.

Planche 11   Réseaux

La même maille primitive (qu'on peut imaginer être un molécule chimique) est utilisée pour former douze réseaux cristallins différents. La multiplication d'ensemble par la transformée de la maille primitive est évidente dans les douze figures de diffraction.

Planche 12   Diffraction par cristal

On peut diviser un cristal en quatre fonctions composantes. Le réseau, le centre de diffraction atome, l'unité diffractante (molécule) et les surfaces qui le limitent. Ces fonctions sont représentées en combinaisons diverses. La planche illustre la multiplication et la convolution à la fois en espace réel et réciproque.

Planche 13   Convolution et multiplication

L'unité diffractante de base consiste soit en un cercle, soit en un carré, soit en un rectangle dans l'une ou l'autre des deux différentes orientations. Ces unités de base se répètent sur des réseaux carrés et rectangulaires. Des formes variées sont utilisées pour limiter l'extension du réseau qui est compris dans chaque masque.

Planche 14   Réseaux circulaires et en spirale

Représentation de réseaux circulaires et en spirale, inspirée des structures de minéraux fibreux telle le chrysotile (Whittaker, 1955).

Planche 15   Réseaux parfaits et imparfaits

1. Réseau parfait carré.
2. Réseau parfait rectangulaire.
3. Réseau parfait hexagonal.
4. Même maille primitive qu'en 1 mais on a deplacé horizontalement chaque point à partir de sa position initiale, d'une fraction inférieure ou égale à 10% du paramètre de maille.
5. Réseau imparfait. Les points du réseau sont contenus dans des rangées et des colonnes mais seul l'espacement des rangées horizontales est parfait. L'espacement horizontal à l'intérieur de chaque rangée est sujet à des variations de 10% et l'abscisse d'un point sur une rangée est aussi sujette à une variation de 10% par rapport à celle du point correspondant sur la rangée voisine.
6. Comme 5, mais avec une variation plus grande (25%) de l'espacement et de l'abscisse.
7. Semblable à 4 mais les déplacements sont maintenant à deux dimensions.
8. Réseau imparfait. Les points du réseau sont toujours contenus dans des rangées et des colonnes, mais les espaces à l'intérieur d'une rangée ainsi que ceux à l'intérieur d'une colonne et l'abscisse entre les points correspondants de deux rangées et de deux colonnes voisines sont sujets à des variations de 10% de la valeur moyenne.
9. Comme 8 mais avec des variations plus importantes dans l'espacement et l'abscisse ($\sim 25\%$).

10. Chaque rangée horizontale est un réseau parfait à une dimension mais la distance entre deux rangées voisines varie de 10% par rapport à la distance précédente.

11. Un réseau imparfait pour lequel les mailles primitives sont des parallélogrammes à côté égal mais à angle de maille variable.

12. Comme 11 mais il y a variation à la fois du côté et de l'angle de la maille. L'asymétrie des pics de diffusion en 5, 6, 7, 8 et 9 provient de la méthode utilisée pour engendrer les réseaux.

Planche 16 Figures de diffraction de gaz et de poudre

Les écrans diffractants représentent les projections des distributions tridimensionelles de différents groupes d'atomes.

1. Des 'atomes' isolés sont placés au hasard: gaz mono-atomique.

2. Des molécules de benzène isolées sont placées au hasard mais chacune est orientée de la même façon par rapport à des axes situés dans le plan, et perpendiculairement au plan de la feuille.

3. Même chose qu'en 2, mais les molécules de benzène sont remplacées par un cristallite à deux dimensions.

4. Des paires d'atomes à liaisons parallèles sont placées au hasard.

5. Des molécules de benzène sont placées au hasard, mais sont soumises à une rotation arbitraire autour d'un axe situé dans le plan de la feuille.

6. De petits cristallites sont placés au hasard mais avec des rotations arbitraires autour d'un axe perpendiculaire à la feuille.

7. Des paires d'atomes sont placées au hasard mais avec des rotations arbitraires autour d'un axe perpendiculaire à la feuille.

8. Des molécules de benzène sont placées au hasard mais avec des rotations arbitraires autour d'un axe perpendiculaire à la feuille.

9. La même chose qu'en 6, mais evec des orientations tendant à avoir une direction préférentielle.

10. Paires d'atomes placées au hasard at avec des orientations arbitraires dans les trois dimensions.

11. Des molécules de benzène placées au hasard et avec des orientations arbitraires dans les trois dimensions.

12. Des cristallites à trois dimensions avec des orientations arbitraires dans les trois dimensions. Les cristallites sont répartis sur un réseau grossier, pour plus de facilité (figure de poudre).

Planche 17 Désordre général

Plusieurs sortes de désordre sont illustrés, toutes basées sur le même réseau carré et deux types différents de modèles diffractants (un carré et un hexagonal). Les numéros 1–3 et 4–6 montrent les analogies et les différences entre désordre 'thermique' et de 'substitution'. Les numéros 2, 5 et 8 montrent comment, pour les désordres de substitution, la diffusion est proportionnelle à la différence existant entre les transformées des deux types de diffuseurs. Les numéros 6 et 9 illustrent la différence entre le mouvement des molécules rigides (c'est à dire lorsque les hexagones se meuvent en bloc) et le mouvement indépendant des 'atomes'. Les numéros 7, 10 et 12 sont des exemples des effets obtenus en omettant des atomes individuels dans un réseau d'hexagones par ailleurs parfait; en 7, 20% des atomes ont été omis au hasard, tandis qu'en 10, un atome a été omis dans chaque hexagone. En 11 et 12, deux et trois atomes ont été respectivement omis dans chaque hexagone.

Planche 18   Ordre à courte distance

Tous les masques sont construits à partir d'un réseau carré de mailles élémentaires contenant chacune un trou. Dans chaque exemple, environ la moitié des sites du réseau est occupée. Dans les quatre rangées d'écrans diffractants le degré d'ordre diminue de gauche à droite. Chaque rangée est déduite d'un type différent de réseau parfait de surstructure et peut être classée suivant que les 'atomes' tendent à se distribuer ou alternativement dans les deux directions axiales. Les numéros 1–3 tendent à une ségrégation latérale mais verticalement, ni la ségrégation ni l'alternance ne domine. Les numéros 4–6 tendent à une alternance latérale et, verticalement, ni la ségrégation ni l'alternance ne domine. Les numéros 7 à 9 présentent une alternance latérale et une alternance verticale. Les numéros 10 à 12 présentent une ségrégation latérale mais une alternance verticale. L'asymétrie des pics de diffusion en 7–12 qui se remarque particulièrement en 7 et 10, est une conséquence de la méthode utilisée pour créer les arrangements. Pour plus amples détails, voir Welberry et Galbraith (1973).

Planche 19   Défauts d'empilement

Les écrans diffractants réprésentent des couches d'atomes empilés verticalement.

Trois types de couche A, B et C qui différent seulement par leur déplacement horizontal sont présents. Les déplacements ont 0, 1/3, 2/3 respectivement d'un espacement du réseau. Un empilement hexagonal est représenté par une succession parfaite de couches ABAB . . . ou BCBCBC . . . ou ACACA . . . tandis que les successions ABCABCABC et CBACBACBA sont caractéristiques des empilements cubiques gauche et droit. Dans les successions désordonnées, on a utilisé deux paramètres de probabilité α et β pour produire une succession de couches et celles-ci sont définies de la facon suivante.

α est la probabilité pour qu'aprés les couches AB la suivante soit A
$1-\alpha$ est la probabilité pour qu'aprés les couches AB la suivante soit C
0 est la probabilité pour qu'aprés les couches AB la suivante soit B
β est la probabilité pour qu'aprés les couches BA la suivante soit B
$1-\beta$ est la probabilité pour qu'aprés les couches BA la suivante soit C
0 est la probabilité pour qu'aprés les couches BA la suivante soit A

Dans les définitions ci-dessus A, B et C peuvent subir une permutation circulaire. Les valeurs utilisées pour créer les exemples présentés sont les suivantes:

	α	β		α	β		α	β
1.	1, 0	1, 0	2.	0, 9	0, 9	3.	0, 7	0, 7
4.	0, 003	0, 003	5.	0, 1	0, 1	6.	0, 3	0, 3
7.	0, 0	1, 0	8.	0, 1	1, 0	9.	0, 3	1, 0
10.	0, 5	0, 5	11.	0, 1	0, 5	12.	0, 3	0, 5

Planche 20 Réseaux soumis à des agitations thermiques

Cette planche illustre la façon dont l'agitation thermique d'un véritable réseau cristallin provoque la diffusion au voisinage des maxima de diffraction. Tous les écrans de diffraction sont basés sur le réseau parfait de 1, et ont été produits par le déplacement des noeuds individuels d'un réseau individuel d'une valeur proportionnelle à l'amplitude d'une ou plusieurs ondes d'agitation thermiques. Ces ondes sont:

2. Une onde longitudinale parcourant la feuille de bas en haut.

3. Une onde transversale parcourant la feuille de bas en haut.

4. Une onde transversale se propageant dans une direction arbitraire.

5. La même onde qu'en 4 mais avec une plus grande amplitude.

6. Une onde transversale plus courte qu'en 4 et 5 mais se propageant dans le même direction.

7. Une onde longitudinale se propageant dans la même direction arbitraire qu'en 4.

8. Une onde se propageant dans le même direction qu'en 4 et 7 mais présentant quelques caractéristiques transversales et longitudinales.

9. Deux ondes se propageant dans des directions différentes mais ayant la même direction de vibration.

10. Deux ondes se propageant dans les deux mêmes directions qu'en 9 mais chacune étant une onde purement transversale.

11. Six ondes de diverses longueur, direction et direction de vibration.

12. 24 ondes de diverses longueur, direction et direction de vibration.

Planche 21 Effets de diffraction à partir de fibres, I

1–3. Trois chaînes uniques présentant des détails de structure différents. Les couches sont déjà présentes dans les figures de diffraction bien qu'il n'y ait pas de structure cristalline à moins que la périodicité le long de la chaîne elle-même ne soit considérée comme une cristallinité à une dimension.

4. Deux unités comme en 1.

5. Semblable à 1. Deux atomes sur trois du groupe de répétition de base sont deplacés au hasard.

6. Semblable à 1. Le groupe de répétition de base de trois atomes est fixe, mais les positions du groupe le long de la chaîne sont modifiées au hasard par rapport aux positions parfaites de 1.

7. Quatre unités comme pour 1.

8. Une chaîne unique comme pour 1, mais avec des courbes introduites dans le plan de la photographie.

9. Une chaîne unique comme en 1. Le chaîne est courbée comme en 8 et subit aussi une torsion autour de son axe.

10. Un cristallite complet formé à partir de la chaîne unique de 1.

11. Comme 10 mais avec des déplacements de chaînes complètes faits au hasard dans le sens vertical seulement. Remarquer la rangée horizontale de points nettement détachés sur la figure de diffraction.

12. Comme 10 mais avec des déplacements de chaînes complètes faits au hasard dans le sens horizontal seulement. Remarquer la rangée verticale de points nettement détachés sur la figure de diffraction.

Planche 22   Effets de diffraction à partir de fibres, II

1. Comme la planche 21–10 mais avec des mouvements de rotation produits au hasard autour de chaque axe de chaîne individuel. La figure a beaucoup plus de points nets que sur planches 21–12.

2. Comme la planche 21–10, mais avec des torsions quelconques autour de chaque axe de chaîne. La figure présente encore plus de points que planche 21–12 et 22–1.

3. Comme la planche 21–10 mais avec des rotations quelconques de chaînes autour d'axes perpendiculaires au plan du masque.

4. Comme 3 mais avec en plus des torsions quelconques autour des axes de la chaîne.

5. Comme la planche 21–10, mais avec une courbure des chaînes dans le plan du masque.

6. Comme 5 mais avec en plus des torsions par rapport aux axes de la chaîne.

7. Projections d'environ 350 cristallites chacun comportant environ 150 à 200 'atomes' arrangés au hasard le long de rangées parallèles et équidistantes. Les cristallites sont orientés au hasard dans le plan de projection.

8. Comme 7 mais avec une proportion élevée d'orientation préférentielle dans la direction verticale.

9. Semblable à 7. Projection d'une collection de cristallites raisonnablement bien orientés, simulant une structure simple de cellulose.

10–12. Une série montrant les figures produites par les vides situés irrégulièrement dans les fibres. La largeur des fibres a une répartition Gaussienne ainsi que leur longueur L et leur orientation θ tridimensionelle par rapport à la direction verticale. La distribution de la largeur est la même pour les trois directions, les paramètres pour la longueur et les distributions d'angles sont comme suit:

$$10. \quad \sigma_L/L = 0; \quad \sigma\theta = 0$$
$$11. \quad \sigma_L/L = 1/6; \quad \sigma\theta = 0$$
$$12. \quad \sigma_L/L = 1/6; \quad \sigma\theta = 2\tfrac{1}{2}°$$

Planche 23   Hélices

Une hélice est considérée tout d'abord comme une courbe continue le long de chaque rangée horizontale, puis échantillonnée à intervalles reguliers le long de la courbe sur deux manières différentes. Les numéros 1–3 et 4–6 montrent des hélices de différents pas observées le long d'une direction perpendiculaire à leur axe. Les numéros 7–9 et 10–12 utilisent la même hélice qu'en 4 mais observée suivant des directions faisant différents angles avec l'axe de l'hélice.

Planche 24 Hélices torsadées et doubles hélices

Illustration des effets produits par les changements d'amplitude de l'hélice secondaire, le nombre de tours par tour et l'échantillonnage de la courbe de base. En plus, deux doubles hélices sont illustrées qui peuvent se comparer aux hélices simples de la planche 23. En 8 et 9 les deux hélices sont déphasées de 180° tandis qu'en 11 et 12 elles sont décalées d'une quantité arbitraire.

Planche 25 Diffusion aux petits angles

Dans cette série, on a la démonstration que, indépendamment des détails de distribution des points diffuseurs, la diffraction aux petits angles dépend des caractères importants de l'écran diffractant.

Planche 26 Effets de diffraction d'une gaze

1–10. Les masques de cette série consistent en deux ouvertures circulaires couvertes par des gazes à mailles carrées, de même orientation. Pour chaque masque, la gaze qui recouvre l'ouverture de droite est deplacée par une fraction déterminée du paramètre de la maille, à la fois verticalement et horizontalement, par rapport à la gaze qui recouvre l'ouverture de gauche.

Les figures de diffraction aux noeuds du réseau réciproque montrent des effets de phase qui dépendent des déplacements. Les déplacements sont comme suit, en commençant par la fraction horizontale:

1. 0, 0   2. 1/4, 1/4   3. 1/3, 1/3
4. 0, 1/4   5. 1/4, 1/3   6. 1/3, 1/2
7. 0, 1/3   8. 1/4, 1/2   9. 1/2, 1/2
10. 0, 1/2
11. Agrandissement du centre de 10.
12. Agrandissement du centre de 9.

Planche 27 Méthodes de variation de la phase avec lame de mica

Cette planche illustre les méthodes de variation de la phase sur les rayons transmis par les ouvertures du masque, au moyen des méthodes énumérées dans l'appendice 1B.
1–3. Méthode 4. Lames de mica en lumière non-polarisée. Les flèches sur les ouvertures indiquent les axes optiques dans les lames de mica.

4–6. Méthode 5. Lames de mica à demi-onde en lumière polarisée plane. Les phases des rayons transmis s'observent à l'intérieur de cercles représentant les ouvertures.

7–9. Méthode 6. Lames de mica inclinées en lumière non-polarisée. En 7, les phases sont toutes nulles. En 8, ϕ est une valeur de phase arbitraire entre 0 et π.

10–12. Méthode 7. Lames de mica à demi-onde orientées en lumière polarisée circulairement. Les flèches sur les masques indiquent que seule une partie des rangées de trous est montrée. Pour éviter les interférences causées par les deux rangées de trous, la pose pour les figures de diffraction a été faite séparément sur le même morceau de film. Les franges issues des trous de diamètre inférieur servent de repère pour pouvoir juger du mouvement des franges issues de l'ensemble des trous de diamètre supérieur.

En 10, les phases de tous les rayons transmis sont les mêmes; en 11, elles augmentent par incréments de $2\pi/3$ entre les ouvertures adjacentes. En 12, l'incrément est de π.

Planche 28   Sections non-centrales de transformées à trois dimensions

Une section non-centrale de solide réciproque par un plan ne traversant pas le centre peut être recueillie si elle est déplacée vers le centre en modifiant des phases des rayons lumineux transmis aux ouvertures (voir Harburn et Taylor, 1961). Dans tous les cas, les phases ont été modifiées par la méthode 7 de l'appendice 1B. Les masques représentés sur la colonne de gauche transmettent tous les rayons avec la même phase, dans tous les autres cas, les phases sont représentées à l'intérieur de cercles figurant les ouvertures.

1–3. Cycle benzénique non-plan.

4–6. Cycle benzénique en conformation chaise et bateau.

7–10. Pentaérythrite. Sections hk0, hk1 et hk4 respectivement. Données de Llewellyn Cox et Goodwin (1937).

10–12. Tétraéthyle biphosophine bisulphure. Section hk0, une section prise en dehors d'un plan traversant le centre pour une molécule hypothétique, et hk3 respectivement. Données de Dutta et Wolfson (1961).

Planche 29   Synthèses optique de Fourier

1–9. Cette série montre diverses contributions à la synthèse du rhodium phthalocyanine. On règle l'amplitude par la méthode 1, appendice 1B. Il n'est pas besoin de régler la phase parce que la diffusion du gros atome de rhodium contribue de façon très importante à la figure de diffraction. Dunkerley et Lipson (1955).

10. Projection d'hexaméthylbenzène. Contrôle d'amplitude par la méthode 3. Contrôle de phase par la méthode 5. Hanson et Lipson (1952).

11. Urée. Contrôle d'amplitude par la méthode 2, contrôle de phase par la méthode 6. Wyckoff et Corey (1934).

12. Projection non-centrosymétrique de nitrite de sodium. Contrôle d'amplitude par la méthode 2, contrôle de phase par la méthode 7 Carpenter (1952).

L'amplitude et les données de phase pour les numéros 10–12 peuvent se trouver dans les références.

Planche 30   Filtrage spatial

La page de gauche montre des exemples de figure de diffraction après modifications par diverses obstructions. La page de droite montre les images formées de la façon décrite dans l'appendice 1A, à partir des données qui émergent dans les figures de diffraction et les images 'parfaites' correspondantes.

Planche 31   Filtrage spatial

Les numéros 1, 8 et 10 sont des figures de diffraction complètes. Les numéros 1–7 montrent les effets de l'exclusion de l'information de l'image finale pour un objet test.

La marge d'erreur dans l'image 4 est particulièrement intéressante. L'objet diffractant pour 8 était une lame de mica à surface présentant des dénivellations et des éraflures; 9 est un exemple de microscopie en champ noir.

Planche 32   Filtrage spatial

Le numéro 1 montre la figure de diffraction et l'image d'une partie de la structure d'un cristal parfait. Le reste de la série illustre le résultat produit sur l'image, si l'on exclut des données du calcul d'une structure cristalline certains termes de la série de Fourier.

Appendix 3
Bibliography

REFERENCES

Carpenter, G. B. (1952) *Acta Cryst.*, **5,** 132.

Dunkerley, B. D. and Lipson, H. (1955) *Nature*, **176,** 81.

Dutta, S. N. and Woolfson, M. M. (1961) *Acta Cryst.*, **14,** 178.

Hanson, A. W. and Lipson, H. (1952) *Acta Cryst.*, **5,** 362.

Harburn, G. (1973) Chapter 6. 'Optical Fourier Synthesis' in *Optical Transforms*, edited by Lipson, H. S. New York: Academic Press.

Harburn, G., Miller J. S. and Welberry, T. R. (1974) *J. Appl. Cryst.*, **7,** 36.

Harburn, G. and Ranniko, J. K. (1971) *J. Phys. E: Sci. Instrum.*, **4,** 394.

Harburn, G. and Ranniko, J. K. (1972) *J. Phys. E: Sci. Instrum.*, **5,** 757.

Harburn, G. and Taylor, C. A. (1961) *Proc. Roy. Soc.*, *A*, **264,** 339.

Hill, A. E. and Rigby, P. A. (1969), *J. Phys. E: Sci. Instrum.*, **2,** 1084.

Llewellyn, F. J., Cox, E. G. and Goodwin, T. H. (1937) *J. Chem. Soc.*, 883.

Taylor, C. A. and Lipson, H. (1964) *Optical Transforms*. London: Bell.

Welberry, T. R. and Galbraith, R. (1973) *J. Appl. Cryst.*, **6,** 87.

Whittaker, E. J. W. (1955) *Acta Cryst.*, **8,** 265.

Wyckoff, R. W. G. and Corey, R. B. (1934) *Z. Krist.*, **89,** 462.

ADDITIONAL BIBLIOGRAPHY

A short selection of papers and texts containing relevant material.

Amoros, J. L. and Amoros, M. (1968) *Molecular Crystals: their Transforms and Diffuse Scattering.* Wiley: New York.

Beeston, B. E. D., Horne, R. W. and Markham, R. (1972) Chapter: 'Electron diffraction and optical diffraction techniques', from *Practical Methods in Electron Microscopy.* Edited by Glauert, A. M. North Holland: Amsterdam.

Bragg, W. L. (1939) *Nature*, **143,** 678.

Hosemann, R. and Bagchi, S. N. (1962) *Direct Analysis of Diffraction by Matter.* North Holland: Amsterdam.

Lipson, H. S. (1973) *Optical Transforms*. Academic Press: New York.

Lipson, H. and Taylor, C. A. (1958) *Fourier Transforms and X-ray Diffraction*. Bell: London.

Parrent, G. B. and Thompson, B. J. (1969) *Physical Optics Notebook*. Society of Photo-optical
    instrumentation Engineers: California.
Taylor, C. A. (1969) *Pure Appl. Chem.*, **18,** 533.
Taylor, C. A. and Lipson, H. (1964) *Optical Transforms*. Bell: London.
Taylor, C. A. and Ranniko, J. K. (1974) *J. Micros*.